AF174221

EL CLIMA DE LA TIERRA

Francisco J. Tapiador

EL CLIMA
DE LA TIERRA
para escépticos y gente inteligente

BIBLIOTECA CIENCIA Y DIVULGACIÓN
RENACIMIENTO

BIBLIOTECA CIENCIA Y DIVULGACIÓN

Director:
FRANCISCO J. TAPIADOR
Catedrático de la Universidad de Castilla-La Mancha

© Francisco J. Tapiador
© 2025. Editorial Renacimiento

www.editorialrenacimiento.com
BUIGANVILLA, I • 41907 VALENCINA DE LA CONCEPCIÓN (SEVILLA)
tel.: (+34) 955998232 • editorial@editorialrenacimiento.com

Diseño de cubierta: Equipo Renacimiento

DEPÓSITO LEGAL: SE 1126-2025 • ISBN: 979-13-87552-84-8
Impreso en España • Printed in Spain

PRÓLOGO

HACE cinco años escribí un libro titulado *El clima de tus hijos*. En ese tiempo, han cambiado muchas cosas. Iba siendo necesario actualizar lo que se publicó en su día, explicando cómo sabemos los científicos lo que sabemos, pero siempre se interponían en mis buenas intenciones compromisos más urgentes: libros técnicos en inglés, artículos científicos, viajes, novelas, ensayos, tareas de proyectos y –por supuesto– las clases en la universidad. Nunca encontraba el momento.

Sucedió entonces algo extraordinario: las inundaciones de Valencia de 2024. Ya tres días antes del gran aguacero del 29 de octubre los modelos mostraban que la cantidad de precipitación iba a ser muy importante. No dije nada en público porque creo que los avisos deben provenir de fuentes oficiales, y en concreto de la AEMET. De otra forma, la información meteorológica puede resultar confusa para el público. Lo que hice en las horas que siguieron fue lanzar una simulación con el modelo WRF-UCLM, e ir estudiando la evolución de la DANA, una depresión en niveles altos (antes se le llamaba «gota fría» y en inglés se le conoce como *cut-off low*). Parecía claro que todo se iba a desarrollar según lo previsto, y que el resultado sería catastrófico. Como sabemos, AEMET dio su aviso y al final llovió sobre la provincia de Valencia como hacía mucho que no sucedía.

En esos días, a través de las salidas de los modelos y de las imágenes de satélite, fui observando que las cantidades de precipitación eran muy superiores a lo normal. Tanto, que parecía que la señal del satélite se había saturado.

El 31 de octubre recibí un correo de George Huffmann, el jefe de la misión espacial GPM de la NASA preguntándome si estaba viendo lo que él y preguntándome si tenía medidas del evento. A él también le había llamado mucho la atención la intensidad de aquel episodio. Hace más de veinte años que trabajo con George, desde antes del comienzo del proyecto. Formo parte del equipo científico internacional de la misión, y hemos escrito varios artículos juntos. Aunque mi trabajo en la NASA como investigador invitado se ha desarrollado en el Jet Propulsion Laboratory (JPL) de Caltech, en Pasadena, he hecho alguna visita adonde él trabaja, el Goddard Flight Space Center de la NASA, en Maryland. Ahora, gracias a las videoconferencias, no hace falta viajar tanto, pero nos vemos en persona de manera regular en las reuniones de la misión.

Estuvimos procesando los datos de tierra y comparándolos con los datos del satélite y enseguida vimos que efectivamente iba a ser necesario subir el umbral del algoritmo, fijado por entonces en 200 mm en media hora, una barbaridad de lluvia que resultaba poco realista en nuestro clima. Hicimos un análisis rápido sobre qué había motivado el agucero y la NASA publicó un pequeño estudio explicando las causas y lo que habíamos detectado con los satélites del GPM.

En los días posteriores a las inundaciones de Valencia salí mucho en televisión y en prensa, incluyendo una larga entrevista con Miguel Manso, de la cadena *Cuatro*, y una portada en el diario *El Mundo*, con una entrevista de Teresa Guerrero en el interior. Fueron días de muchas conversaciones con Antonio Martínez Ron y con Pau Rodríguez, de *El Diario*; con Mar Muñoz de *La Razón*, así como con Elena García de Castro de *El Norte de Castilla*, Marcos Domínguez de *El Español*, y muchos otros, intentando entre todos transmitir en un lenguaje accesible lo que estaba sucediendo en nuestro país. El interés fue internacional. Emma Bubola me preguntó para *The New York Times* sobre el episodio mientras viajaba desde Roma a Valencia para reportar la catástrofe con sus propios ojos, y al día siguiente escribió un artículo mencionando lo que le conté. La CNN en Español me hizo una entrevista.

Conversando con los periodistas, y después de recibir muchas impresiones de gente que me había visto y escuchado, me di cuenta de que el formato de televisión, radio y prensa me resultaba insuficiente para contar en detalle los aspectos clave de lo que sé del tema. Lo difícil era hacerlo en un lenguaje asequible para cualquiera interesado en la ciencia, porque uno de los problemas de cualquier científico especialista en un tema es ser capaz de narrar sin utilizar jerga o ecuaciones, dándose cuenta además de que lo que para él es evidente (porque lleva 30 años estudiándolo), puede no serlo para alguien que lo lee por primera vez.

Era el momento de acometer la revisión siempre postergada de aquel texto. Ahora parece aún más urgente que hace cinco años. Ya predije entonces que un aguacero como el de Valencia acabaría sucediendo tarde o temprano, y que había que abandonar las zonas inundables. Lo que hace cuatro años llamé «el clima de tus hijos» va camino de convertirse en «el clima de la próxima década». En enero de 2024 los termómetros de Madrid marcaban 22 °C. Ya hay zonas de España tan cálidas que dormir por la noche resulta incómodo. Hay embalses secos, y al mismo tiempo, tuvimos un aguacero que inundó media provincia de Valencia. Marzo de 2025 ha sido el mes más lluvioso de la historia en Madrid. Los efectos predichos hace veinte años son ahora palpables.

Esta segunda vida de mi ensayo original amplia algunos contenidos para trasladar los avances que se han producido en los últimos años y para explicar mejor a los que más interés tienen en este tema: los escépticos inteligentes; gente formada, pero que no conoce algunos elementos clave de este tema. Quizá ahora sea más necesario que nunca que todo el mundo aprecie la gravedad del problema y que profundice en las bases científicas de la climatología, una ciencia a caballo entre la geografía y la física[1]. Aproximarse a ella como se hace aquí, desde el lado de la física —la ciencia que estudia las propiedades de la materia y la energía, y las relaciones entre ambas— ofrece al respecto la innegable ventaja de poder hacerlo desde la posición de una ciencia empírica. Hacerlo cuidando la narrativa, escribiendo para aquellos que «se toman en serio la literatura», como decía TS Eliot, tal vez haga que el libro encuentre nuevos lectores.

I

EL CLIMA DE LA TIERRA

LLAMAMOS clima a los valores medios del tiempo atmosférico a lo largo de varias décadas[2]. Es decir, al tiempo que se espera en una época determinada en un lugar. Si estamos en Sevilla en diciembre, puede que mañana llueva, o no, pero basándonos en lo que ha pasado en los últimos 30 años, sin duda esperamos que llueva en algún momento del mes, porque octubre en Sevilla es un mes generalmente lluvioso. Es posible que un diciembre determinado, por ejemplo el del 2019, sea más seco de lo normal. Pero eso es una anomalía. Lo que esperaríamos es que en Sevilla los diciembres sean lluviosos (y los agostos secos). Si esto cambia de alguna manera, si los diciembres en Sevilla dejan de ser lluviosos, es cuando diremos que el clima ha cambiado.

Cuando sacamos del armario la ropa de verano o de invierno estamos respondiendo a lo que sabemos del clima del lugar, no del tiempo. Quizá no sepamos qué tiempo va a hacer el próximo 22 de julio, pero si vivimos en Sevilla ya intuimos que en nuestro armario de ese mes no tiene que haber guantes, gorro, un abrigo y un paraguas.

El tiempo atmosférico se define como el estado de la atmósfera en un momento determinado. Es algo mucho más variable que el clima. El tiempo cambia de día a día, y es muy difícil de predecir. Pero el clima, los valores medios de la temperatura, la lluvia o el viento, han permanecido más o menos iguales durante décadas, y definen tanto el carácter ambiental y agrario de una región como al conjunto de las actividades humanas que se dan en ella. Si hay naranjos en Sevilla y no en León, es por algo.

TIPOS DE CLIMA Y CLIMATOLOGÍAS

PARA poder definir bien el clima en un lugar, y sus cambios, hay que empezar por darle un nombre. A esto se llama caracterizarlo. Esto se hace casi siempre a partir de dos variables básicas: la precipitación y la temperatura. Sabiendo las máximas y las mínimas de ambas a lo largo de 30 años, la precipitación en el mes más frío y en el más cálido, y las diferencias entre unas y otras podemos hacer una primera clasificación de ese clima y darle un nombre significativo, una etiqueta que nos diga algo más que una ristra de números.

Así, tras hacer las cuentas correspondientes podemos concluir que Siberia se caracteriza por un clima subártico, de inviernos fríos y largos y veranos cortos y frescos, al que matriculamos como 'Dfc', mientras que el tipo de clima de Sicilia es un «mediterráneo de veranos calientes» (clima 'Csa'). Esto es lo que tradicionalmente han hecho los científicos desde que Vladimir Köppen propuso su sistema en 1844.

También podemos definir el clima de una manera puramente cuantitativa, como un conjunto de números, como si fuera un código de barras, y hablar –aplicando un cierto abuso del lenguaje– de «climatologías» de la precipitación, de la temperatura, o del viento. Al conjunto de esas variables es a lo que llamamos «el clima», mientras que cada una de ellas se conoce como «la climatología (de la variable X)».

Cada una sirve para una cosa. Los científicos que se dedican a estudiar los cultivos prefieren emplear unas climatologías más centradas en la evaporación, mientras que a otros que trabajan con bosques les resuelve mejor su trabajo las que utilizan mejor los rangos de temperatura y la altitud. Los que diseñan parques eólicos en el océano necesitan sin embargo la climatología de vientos medios y la de rachas de viento, y los que se encargan del suministro de agua potable emplean climatologías de precipitación, ya sea de lluvia o de nieve.

Las climatologías cualitativas tipo Köppen tienen la ventaja de que son una especie de resumen, de etiqueta del clima, pero resultan poco precisas y son muy sensibles a errores en los datos. Las climatologías cuantitativas son mucho más precisas a la hora de evaluar el cambio climático, lo cual no quita para que de vez en cuando hagamos el ejercicio de ver qué pasaría con las climatologías cualitativas en el futuro[3].

¿POR QUÉ USAMOS 30 AÑOS?

HE dicho antes que una climatología son los valores medios del tiempo atmosférico a lo largo de un periodo de 30 años. Específicamente, para calcular la climatología de la temperatura de los eneros en Barcelona lo que hago es sumar los treinta valores de la temperatura media de enero en 1961, 1962, etc. hasta el año 1990, y dividir por treinta.

¿Por qué utilizo tantos años? ¿No valdría con cinco o seis años? Lo cierto es que no, porque el clima de la Tierra varía de forma natural en periodos tan cortos. Los famosos periodos de siete años de sequía, o los ciclos de heladas, tienen una frecuencia menor de una década. Si utilizáramos un lustro, cinco años, para hacer la climatología de la temperatura en Barcelona, encontraríamos que el resultado dependería de si escogiéramos 1961-1965 o 1971-1975 como periodo de referencia. En el primero de los casos quizá subestimáramos la tendencia a largo plazo, mientras que en el segundo quizá la sobreestimáramos.

Para hacerlo bien necesitamos considerar periodos más largos que comprendan varias ocurrencias de un fenómeno periódico. ¿Cómo de largos? Al menos lo suficiente para tener en cuenta los eventos con ciclos más amplios, como el famoso fenómeno de «El Niño» que veremos un poco más adelante. El periodo estándar son 30 años. Podríamos utilizar más años, 50 u 80, pero el periodo de 30 años es un mínimo razonable que nos asegura que tendremos datos fiables y que evitaremos las distorsiones que podría producir incluir pocos ciclos cortos.

SIMULAR EL CLIMA NO ES IGUAL
QUE PREDECIR EL TIEMPO

UNA pregunta habitual que nos hacen a los que nos dedicamos a esto es que cómo es posible que podamos hablar con tanta seguridad del clima del futuro si no somos capaces de predecir si mañana va a llover.

La respuesta es que, bueno, en primer lugar, sí que somos capaces de saber con bastante precisión si mañana va a llover. El mejor modelo de predicción del tiempo que tenemos hoy, el del Centro Europeo de Predicción a Corto y Medio Plazo, acierta casi siempre el pronóstico a tres días vista, y la mayor parte de las veces acierta incluso hasta el quinto día. Esto hace treinta años no sucedía, pero en este tiempo tanto nuestro conocimiento de la atmósfera como la capacidad de hacer cálculos con los datos de los satélites han ido ampliándose, y hoy disfrutamos de pronósticos muy buenos para las próximas 72 horas[4].

Más allá, sin embargo, a horizontes de tres o cuatro semanas sí que es cierto que no siempre es posible realizar predicciones tan fiables de los detalles del tiempo. Esto es debido a algo que veremos en su momento, y que tiene que ver con la física del caos[5]. No obstante, sabemos que si se dan determinadas condiciones sí que podemos aventurarnos con cierta fiabilidad en lo que pasará en las próximas estaciones[6]. Hay patrones atmosféricos que llamamos de alta predictibilidad bajo los cuales estamos bastante seguros de que los pronósticos estacionales van a funcionar. Lamentablemente, esas situaciones no siempre se dan, y en esos casos los pronósticos estacionales fallan.

¿Por qué entonces estamos los científicos tan seguros de cuál va a ser el clima de los próximos 30 años, algo que está mucho más lejos de esas tres o cuatro semanas, o de la próxima primavera? La razón es que se trata de un tipo diferente de predicción.

Para explicar los detalles, primero hay que aclarar que en climatología no intentamos averiguar si va a llover en Valladolid a las cuatro de la tarde del 4 de abril del año 2073, sino lo que decíamos arriba: si la media de los treinta abriles que van del año 2071 al 2100 va a ser más o menos lluviosa en esa ciudad que la media de los treinta abriles que vivimos de 1961 a 1990. Cuando hablamos de cambios en el clima, nos referimos a los cambios de los valores medios de unas décadas (o de unos siglos) con respecto a otros.

Vayamos ahora con los detalles. La mejor manera que he encontrado de explicar la diferencia entre predecir el tiempo y el clima es con ejemplos. Hay una analogía tradicional con dados. Dice que si arrojo un dado, no sé qué cara de las seis va a salir (eso sería el tiempo); pero si lo lanzo seis mil veces —y el dado no está trucado—, sé que cada número habrá salido aproximadamente en mil ocasiones (eso sería el clima).

Nótese que para calcular la probabilidad de cada cara no tengo siquiera que lanzarlo. Viene dado por las condiciones del problema. Esto, por cierto, expresa muy bien la diferencia entre la probabilidad y la estadística. A mis profesores de primero de Matemáticas les gustaba decirnos que la primera disciplina sí que formaba parte de la carrera, mientras que la segunda era otra cosa aparte dentro de las ciencias exactas[7].

Mi ejemplo, al que llamaré «de la piscina», es un poco más complicado, pero creo que añade matices importantes. Luego daré una explicación más técnica, pero de momento imaginemos una piscina pública en verano. Supongamos que la tenemos casi llena, pero que no renovamos el agua en todo agosto. Supongamos también que todos los días tenemos la misma secuencia de temperatura. Lo que queremos saber es cómo va a cambiar el nivel de agua a lo largo del mes.

Para medir el nivel cada día, lo más sencillo es hacer una marca en una de las paredes de la piscina. Ahora es cuando vienen las complicaciones. Si no hay viento ni nadie dentro del agua, esto será relativamente fácil, pero si hay gente que entra y sale de la piscina, se creará un cierto oleaje. Debido a esa agitación, será difícil decidir exactamente dónde llega el nivel del agua. Me costará un poco saber dónde hacer la marca. Digamos que tanto trajín dudaré si hacer la marca uno o dos milímetros arriba o abajo.

Ese movimiento rápido, ese oleaje arriba y debajo de una «superficie media del agua» es el equivalente al tiempo atmosférico: unos días la temperatura o la precipitación es más alta que otros, y es difícil saber cuál es la tendencia general mirando solo un día. Los días del tiempo atmosférico, comprimidos a segundos, son el equivalente al oleaje de la piscina.

Vamos ahora a los ciclos más largos. Día a día, poco a poco, la energía del sol hará que el agua de la piscina se vaya evaporando. Si vuelvo a intentar hacer la marca al cabo de tres días, me encontraré con el mismo problema que el primero: saber exactamente dónde marcar con tanto movimiento arriba y abajo. Ese margen de uno o dos milímetros sigue estando ahí. Pero lo que está claro es que la marca va a estar por debajo de la del primer día. Digamos que 5 centímetros más abajo que hace tres días.

¿Puedo saber cuándo va a llegar la siguiente ola, y hasta dónde va a subir en ese momento el agua para hacer la marca con más precisión? Quizá, pero no resultaría fácil. ¿Puedo *predecir* dónde pondré la marca dentro de 30 días? Sí, eso es más fácil. Teniendo en cuenta todo lo que sé sobre la piscina, y la evaporación producida por el sol, si en tres días el agua ha bajado 5 cm, en 30 días habrá bajado unos 50 cm.

Hay algo más que es importante en este ejemplo: si aplicara toda la física que sabemos hoy –y tuviera los instrumentos de medida adecuados– sí que podría saber con cierta fiabilidad cuándo va a llegar la siguiente ola, y hacer así la marca correspondiente. Podría también descontar la evaporación en los próximos segundos, pero esta sería tan pequeña que afectaría poco al resultado. Sin embargo, la evaporación total va a ser la suma a lo largo de todo el mes de esas pequeñas pérdidas, que son insignificantes en el día a día. Un efecto que es despreciable en los próximos veinte segundos (lo puedo entender como una especie de «ruido») resulta fundamental para conocer la evolución a largo plazo del nivel de agua (que es lo que podría llamar la «señal» que yo estoy queriendo medir). Es la suma de esas pequeñas evaporaciones de cada día la que me dará el nivel de la piscina al final de agosto.

Un lector astuto pensará que se puede argumentar que no hace falta calcular cuándo llegará cada ola. Al fin y al cabo, el nivel al final solo depende de la tasa de evaporación. ¡Correcto! Pero un lector aún más astuto diría que las condiciones del experimento han sido simplificadas en exceso. Dirá que es un caso idealizado. En realidad, la gente sale mojada de la piscina, llevándose consigo cierta cantidad de agua. O chapotea, echando agua fuera (e incrementando la energía del agua, y con ello la tasa de evaporación). Y a veces cae arena o se acumulan piedras en el fondo de la piscina, elevando un poco el volumen. Dirá que hay muchos factores que no he considerado y que, de hecho, todo el experimento es una gran simplificación, porque el agua de las piscinas se rellena y la tasa de evaporación diaria no es constante.

Es cierto, pero todos esos factores se podrían incluir en el modelo para hacerlo más realista. Si sé cuánta gente viene cada día a la piscina, y cuántas veces entran y salen de media, puedo estimar cuánta agua pierdo cada día. Lo mismo con los chapoteos, o con los objetos que caigan al fondo. O puedo incluir más realismo a mi cuadro y tener en cuenta que la piscina sí que se rellena y que la temperatura varía en cada momento. Puedo ir complicando mi modelo y haciéndolo más preciso siempre que tenga datos sobre los factores que influyen en la cantidad de agua de la piscina. Esto hará que los cálculos sean mucho más complicados, naturalmente, es por eso precisamente que los modelos de clima utilizan los ordenadores más potentes del mundo. Lo veremos en el capítulo 5.

Lo crucial ahora para entender la diferencia entre predecir el tiempo (el nivel del agua en un momento dado considerando el oleaje) y el clima (el nivel del agua al cabo de mucho tiempo), es que aunque yo no pueda saber si mi sobrina Paula se va a meter en la piscina mañana exactamente a las tres, o si la ola que genere su chapoteo va a afectar en uno o dos milímetros a mi medida del día, sí que sé que si Paula y los demás se comportan como acostumbran, al cabo de un mes el nivel del agua estará 50 centímetros por debajo del inicial.

El ejemplo muestra que sí que puedo hacer una predicción a largo plazo, aunque no sepa exactamente en qué momento ocurrirá algo en el corto plazo, siempre, claro está, que los factores que influyen en la situación sigan operando de la misma manera.

Con el tiempo y el clima ocurre lo mismo. Así, a partir de la combinación de las leyes más relevantes del funcionamiento del proceso físico «bañarse en la piscina», puedo estimar cuál va a ser el nivel de la piscina a final de mes, de la misma forma que puedo calcular –de una manera mucho más complicada, pero siguiendo una lógica similar– cuál va a ser el clima de Europa dentro de 40 años, aunque no sepa si lloverá el 4 de abril del 2073 a las doce de la noche.

El agua y la vida

¿Por qué es tan importante el clima y su cambio? La razón más inmediata es que los humanos dependemos del estado de la atmósfera para muchas de nuestras actividades. No solo nos tiene que dar el sol para no enfermar, sino que lo que nos nutre –los alimentos, el agua y el aire– dependen a su vez de cómo cambia el tiempo a lo largo del año.

En el caso de la lluvia esto es evidente. Tenemos que beber agua y la vida alrededor necesita recibir de forma regular su cuota habitual de precipitación. Si deja de llover en primavera, los cultivos que requieren agua para germinar morirán y no tendremos cosechas. Si además aumenta la temperatura en las montañas, los prados estarán menos húmedos, dejarán de ser rentables, y eso hará que se resienta la ganadería. Si no llueve en primavera y otoño, los embalses no dispondrán de agua durante el largo y seco verano que define al tipo de clima mediterráneo. Si la sequía dura más de lo normal, es decir, si hay una sucesión de años en los que llueve poco, algunas especies de árboles no podrán resistirlo y se secarán, haciendo que el suelo sea cada vez más pobre y facilitando la destrucción del paisaje por los incendios y la aridez. Y si hay más episodios de lluvias extremas después de un periodo seco, aumentarán las inundaciones, arrasándose casas, carreteras, ferrocarriles y equipamientos. La lista de catástrofes potenciales es muy larga, y esto es solo considerando una variable, la precipitación.

Es un hecho también que tanto las sociedades humanas desde sus comienzos, como nuestra forma de vida en este momento de la historia, están adaptadas a un clima más o menos estable. En la parte del mundo en la que vivimos, en las llamadas latitudes medias, tenemos estaciones y el tiempo cambia a lo largo del año. No obstante, a pesar de las variaciones, se observa un patrón estable alrededor del cual giran nuestras vidas. Las estaciones se repiten cada año, con pocas variantes.

En el centro y en el norte del país, en verano hace calor y llueve menos que en otoño, y en invierno hace frío. En el mundo mediterráneo el tiempo varía bastante de un año a otro, con precipitaciones irregulares y notables cambios estacionales, pero aun así la pauta es predecible, y a lo largo de las generaciones las plantas y los animales se han adaptado a ella. O dicho con más precisión: los genes que se han transmitido han sido aquellos que proporcionan una mejor adecuación a ese ambiente y a las relaciones que se establecen en él. Incluso en las zonas tropicales, de clima más monótono a lo largo del año, o en el ecuador, donde los días son casi indistinguibles, las especies que han sobrevivido han sido aquellas que mejor se han adaptado a un ciclo diario de calor, evaporación intensa y lluvia regular.

Hay numerosos ejemplos cercanos de las adaptaciones de las especies actuales al clima. Tenemos por ejemplo a la sabina, un árbol extraordinario al que le basta con un poco de agua de vez en cuando para resistir a pleno sol sequías prolongadas. De hecho, si no viviera en condiciones hostiles habría otras especies más vivaces que le quitarían su espacio. El haya es otra especie interesante para los climatólogos. Prospera al otro lado del espectro. Es un árbol adaptado a ambientes sombríos de mucha humedad, pero le sucede algo parecido que a la sabina: si las condiciones cambiaran, otras especies mejor adaptadas le arrebatarían su nicho, esa combinación de elementos ambientales que una especie explota mejor que otras.

Con los cultivos también sucede. El trigo, el olivo y la vid se han venido plantando en ciertos lugares en función de cuándo llueve, cuánto, y de cuáles son allí las temperaturas máximas y mínimas a lo largo del año. Cualquier cambio atmosférico afecta a esta «trilogía mediterránea» de los geógrafos: demasiada lluvia arruinará al trigo, una helada tardía acabará con la cosecha de aceituna (y quizá con el árbol) y afectará a la vid; y demasiados días cubiertos o demasiada agua no contribuirán a lograr un buen vino.

EFECTOS PARADÓJICOS

¿HELADAS tardías? ¿No se está calentando el planeta? Sí, se está calentando, pero uno de los efectos paradójicos de ese hecho es que el clima de la Tierra puede acabar haciendo cosas muy extrañas, como veremos con más detalle en los siguientes capítulos.

El clima es un sistema de relaciones mutuas, y sus partes interaccionan entre sí de forma a veces paradójica. La fuente de energía primaria, lo que hace moverse a la atmósfera y al océano, es el Sol. La Luna también influye en las mareas; pero aquí estamos hablando de las grandes corrientes marinas, no de esos movimientos periódicos. Sin la energía solar nuestra vida sobre el planeta no sería posible.

Pero el sol es solo el motor, el principio de un ciclo de varias etapas que moviliza enormes cantidades de masa y materia. El cómo se reparte la energía que nos llega de nuestra estrella depende de muchas otras cosas: de cómo de inclinado está el eje de rotación del planeta (esto es lo que produce las estaciones), de cuánta agua hay circulando por la atmósfera, o de si está en forma de gas, líquida, o sólida.

También depende de cómo se almacena el calor en los mares, en dónde y a qué profundidades. Y de la cantidad de hielo acumulado sobre la tierra, y de las corrientes submarinas profundas. Y, además, de las actividades humanas. La proporción del suelo que ocupamos, lo que ponemos en cada sitio (cultivos, fábricas, edificios) y, sobre todo, la materia que emitimos a la atmósfera altera el clima a veces de maneras muy sutiles, pero muy profundas.

El elemento humano está cambiando las redes de relaciones que han mantenido al clima relativamente estable en los últimos cientos de años. Enseguida explicaré en detalle el proceso, pero uno de los elementos del clima que más se han visto afectado por nuestra civilización ha sido la temperatura de las capas bajas de la atmósfera.

La atmósfera se divide en capas en función de cómo varía la temperatura según ascendemos. La capa más cercana al suelo, y en la que la temperatura normalmente disminuye con la altura, es la troposfera. En nuestras latitudes llega hasta aproximadamente los 12 km de altura. Luego está la estratosfera, en la que la temperatura aumenta según seguimos subiendo, a causa del ozono. A unos 50 km la estratosfera da paso a la mesoesfera, en la que la temperatura vuelve a descender, alcanzándose el mínimo en el tope. Viene luego, a partir de los 85 km, la termoesfera, que acaba a unos 600 km, comienzo de la exoesfera que es la capa que se extiende hasta una distancia convencional de 10.000 km. Los satélites de observación de la Tierra se mueven en la termoesfera.

Con todo esto, hay que decir que la atmósfera es increíblemente delgada comparada con el resto de la Tierra. El 99% de su masa está en los primeros treinta kilómetros. Si todo el planeta fuera del tamaño de una pera, el grosor de la atmósfera equivaldría solo al de su piel.

Hay varios gases emitidos por los humanos, como el dióxido de carbono, el metano o los óxidos nitrosos, que atrapan la radiación reemitida por la Tierra, calentando el aire y después el océano. El problema es que ese proceso, que ha ocurrido siempre, está sucediendo ahora mismo a un ritmo cada vez mayor. Luego comentaré las causas, pero el que el cambio climático está ocurriendo y está causado por las actividades humanas más allá de la duda razonable es una de las conclusiones principales del quinto informe de panel intergubernamental del cambio climático (IPCC) y lo será del sexto. Aunque el consenso científico no sea un valor absoluto de calidad, en ausencia de propuestas alternativas contrastables continúa siendo mucho más razonable aceptarlo que no hacerlo.

Los efectos del calentamiento global son cada vez más evidentes, y aparecen ahora en lugares en los que no hubiéramos reparado hace unos años. Veremos también más adelante algunos impactos concretos sobre la flora y la fauna, pero hay ejemplos curiosos en ámbitos insospechados. Por ejemplo, en el sector aeronáutico.

El cambio climático está afectando a la navegación aérea. Los viajes en avión son cada vez más incómodos debido al aumento de la turbulencia que genera el calentamiento. ¿Qué consecuencias tiene esto? No son solo pequeñas molestias para el sueño de los pasajeros, un poco de traqueteo durante el viaje o algún zumo de tomate que se vierte[8].

La turbulencia incrementa el riesgo de las operaciones aeronáuticas, y de hecho se piensa que los fenómenos meteorológicos severos están detrás de varios accidentes en los últimos años, como por ejemplo el del Air France 447 que salió de Río de Janeiro el 1 de junio del 2009 y que nunca llegó a París.

El problema del incremento de la turbulencia es, de hecho, global y afecta a la mayoría de los aspectos esenciales de la navegación aérea. Las rutas tradicionales están teniendo que ser rediseñadas para adaptarse a las nuevas condiciones de la atmósfera, de manera que se ahorre en tiempo y combustible, y se gane en seguridad. El asunto del cambio climático incide también sobre el propio diseño de los aparatos y de la instrumentación, incluyendo nuevas necesidades de datos en tiempo real y de visualización meteorológica en las cabinas del futuro.

Este es solo un ejemplo, y no de los más conocidos, de la multitud de transformaciones que está produciendo ese cambio climático tan rápido que venimos experimentando desde hace unos años.

El Niño y la variabilidad natural del clima

¿Qué es El Niño que he mencionado antes? Técnicamente, se conoce como «El Niño-Oscilación del Sur» (ENSO en sus siglas en inglés[9]). Se trata de un calentamiento del océano Pacífico en su zona ecuatorial americana, que es generalmente fría.

Es un fenómeno que ocurre de manera periódica. Aparece por Navidad, y de ahí su nombre. En general, se manifiesta en ciclos de siete años, aunque este patrón no siempre se cumple estrictamente. Su origen es la dinámica atmosférica, el cómo se mueve el aire: a veces sucede que se da un movimiento del aire que hace que se refuerce la corriente oceánica, y esto da lugar a un cambio de presión contrario al que cabría esperar en esa época del año, y que además permanece durante más tiempo. Eso hace que el agua cálida de El Niño caliente el aire sobre el océano, incrementando la evaporación y por tanto la nubosidad y la precipitación, que a veces llega a ser muy fuerte.

Se dice que El Niño lleva inundaciones a amplias zonas de América, pero su efecto es global: el clima de la Tierra es un sistema interconectado de campos de presión, y al igual que en una cama elástica, si en un lugar hay menos presión, en otro aparecen altas presiones. De hecho, las sequías que experimentamos en España de manera periódica podrían estar ligadas con las altas presiones compensatorias que induce El Niño, aunque la dinámica atmosférica es muy compleja y hace falta afinar mucho para poder atribuir una causa específica a un fenómeno concreto.

La ENSO es sin embargo un fenómeno natural. Forma parte de la «variabilidad interna» de la atmósfera, que es como llamamos a los cambios que se producen en nuestra envoltura líquida y gaseosa por la propia dinámica de los fluidos.

¿Qué queremos decir con ese término? Volvamos al ejemplo de la piscina. En una piscina en un día despejado, el agua entra por las boquillas y sale por los rebosadores hacia la depuradora, formando un circuito cerrado. Este flujo produce una serie de corrientes. Si dejamos caer un corcho cerca de las boquillas, veremos que se empieza a mover de manera más o menos errática. De hecho, si dejamos caer dos corchos uno al lado del otro, veremos que enseguida se empiezan a separar, recorriendo partes diferentes de la piscina, y acabando a veces en diferentes rebosadores. Eso es a lo que llamaríamos la dinámica, al movimiento de las moléculas de agua, y que nosotros podemos identificar gracias a los corchos.

Si se observa con atención se verá que esa dinámica a veces genera remolinos o zonas en las que el agua está más quieta, o más alta, o más baja. Pero la causa es el propio movimiento natural del agua, y no factores externos, como el sol o el chapoteo. Eso es a lo que llamamos «variabilidad interna».

Supongamos ahora que el día no está despejado, sino nublo. Las nubes crearán sombras en el agua, haciendo que unos puntos de la piscina estén más fríos que otros. El movimiento del agua será ahora diferente, y se crearán otros fenómenos: otros remolinos, u otras zonas más o menos altas. Diremos que la dinámica se ha modificado.

A esta nueva variabilidad, sumada a la anterior, es a la que llamamos «variabilidad natural». En el caso de la Tierra, la causa de la variabilidad natural es geofísica: es la producida por las emisiones de los volcanes, la deriva continental, los movimientos orogénicos o los cambios a muy largo plazo en la radiación solar. Solo desde hace unos años consideramos aquí también los efectos de otros seres vivos.

La variabilidad natural, como su nombre indica, no tiene nada que ver con los humanos. Sucedería igual si no estuviéramos sobre el planeta. La «variabilidad del clima», entendida como un todo, es la suma de esa variabilidad natural más la humana, también llamada antrópica o antropogénica.

Siguiendo con el ejemplo de la piscina, si Paula entra ahora a hacerse unos largos, modificará la dinámica de la piscina. El movimiento del agua será diferente. De hecho, lo que sucederá es que la variabilidad *paulina* (humana) se mezclará de una manera muy complicada con la variabilidad natural, reforzándola en algunos casos, y amortiguándola en otros. Lo que se dice que sucede entonces es que la influencia humana queda enmascarada por la natural.

Si Paula se queda un rato en la zona en sombra de la piscina, la energía que emite su cuerpo calentará un poco el agua a su alrededor. Si midiéramos la temperatura en esa zona, podríamos pensar que las nubes no están enfriando el agua tanto como pensábamos. Este enmascaramiento de la señal aparece a menudo en el estudio del cambio climático, y puede ocurrir en ambas direcciones: si Paula estuviera en la zona soleada, podríamos pensar que el sol calienta el agua más de lo que lo hace. Si estuviera a la sombra, la medida quizá nos llevara a pensar que las nubes dejan pasar más radiación de la que dejan. En ambos casos, estamos ante unos efectos que se superponen, y que hay de desenredar para poder distinguir entre lo que es natural y lo que no.

En el clima de la Tierra en ciertas ocasiones los ciclos naturales refuerzan los efectos antropogénicos, pero en otras los mitigan, o los enmascaran. Así por ejemplo, el efecto que tiene el hollín de las calefacciones de carbón y de los motores de combustión interna sobre las nubes no se definió antes con la suficiente precisión fue porque había otros efectos naturales, como las emisiones volcánicas, que lo tapaba.

La sensibilidad a las condiciones iniciales

¿Cuál es esa explicación más técnica que prometí arriba sobre la diferencia entre predecir el clima y tiempo? Tiene que ver con la física del caos, y en concreto con un problema muy serio para realizar pronósticos precisos: la «sensibilidad a las condiciones iniciales» de los llamados sistemas dinámicos, entre los que el océano y la atmósfera son dos ejemplos clásicos.

Decía antes que si ponía dos corchos en la piscina estos me podían ir mostrando la dinámica del flujo de agua. También sostenía que si dejamos caer dos corchos uno a lado del otro quizá viéramos que enseguida se empiezan a separar, recorriendo partes diferentes de la piscina. El problema con que nos encontramos es que es posible que por muy juntos que pusiera los corchos estos acabarían separándose. Incluso si los colocara a una distancia de un átomo el uno del otro. Esto es algo también bastante anti-intuitivo, porque podría pensarse que, si el flujo del agua es suave, dos puntos próximos indistinguibles seguirán estando juntos al cabo de un tiempo. Pero no siempre sucede así. De hecho, esto es tan sorprendente que no nos dimos cuenta del asunto hasta 1963, y gracias a los ordenadores.

¿Dónde está el problema? Pues que ese hecho hace muy difícil predecir. Si empiezo a seguir por dónde va el flujo del agua desde dos puntos inicialmente muy juntos, da igual lo juntos que estén que tarde o temprano se van a separar. Eso hace que la predicción sea muy difícil. Sí; podría intentar saber por qué parte de la piscina viajará cada corcho si conozco las ecuaciones del movimiento y en qué punto exacto están al principio. Pero si resulta que en un punto a un átomo de distancia la trayectoria puede ser completamente diferente, entonces no tengo nada que hacer, salvo que pudiera saber con una exactitud imposible en qué punto exacto coloco el corcho.

Pero no puedo. Siempre hay un error instrumental, o mil problemas, para determinar en qué punto exacto está mi valor inicial. Y lo peor es que no por estar más cerca voy a ser más preciso, porque reducir el error de la medida inicial no reduce automáticamente el error al cabo de mucho tiempo. Es todo más complicado. No en vano la rama de la física que estudia esto se llama «física de sistemas complejos».

Si el movimiento del agua en la piscina del ejemplo depende de ese valor inicial (lo que se llama técnicamente «sensitividad [o sensibilidad] a las condiciones iniciales», o «efecto mariposa») entonces por mucho que me afane no podré saber dónde van a acabar los corchos. Lo que va a suceder al principio es que los dos se van a mover igual, juntos, pero al cabo de un tiempo empezarán a separarse. Primero un poco, como yendo en paralelo, pero llegará un momento en que uno se separará del otro y empezará a hacer cosas muy diferentes. Puede que incluso acaben en diferentes rebosadores de la piscina, o que uno de ellos entre y el otro no.

Esto es lo que nos sucede con la predicción del tiempo. Para realizarla tenemos que dar unas condiciones iniciales a los modelos. Pero estas no pueden ser perfectas, porque no podemos medir con precisión infinita el estado de la atmósfera en un momento dado. Si nos acercamos mucho al valor exacto y las ecuaciones son muy buenas (y lo son), durante un tiempo la trayectoria del modelo y la que sigue la atmósfera en realidad serán muy parecidas, pero al cabo de un tiempo empezarán a diferir, hasta que no se parezcan en nada.

¿A partir de cuándo empiezan a no parecerse? Depende del tipo de situación atmosférica que tengamos[10], pero en general a partir de tres o cuatro días es complicado que dos trayectorias que hayan partido de exactamente el mismo punto se sigan pareciendo. Por eso tenemos predicciones muy buenas hasta esos tres o cuatro días, y después de ese horizonte el detalle del pronóstico puede empezar a estropearse.

Lo fundamental para entender la diferencia técnica entre predecir el tiempo y simular el clima es que en el primer caso el efecto mariposa me afecta enormemente. ¿Por qué no tengo ese problema al hacer simulaciones de clima? Porque en clima no me interesa por dónde va el corcho en la piscina en un momento concreto, sino más bien por dónde ha ido yendo al cabo de mucho tiempo, y eso depende más de procesos que operan a largo plazo que de las condiciones iniciales. No me interesa saber la temperatura de Valladolid el 4 de abril de 2073, sino qué ha estado pasando en los últimos 30 abriles en Valladolid, y eso depende más de las estaciones (es decir, del Sol) y de la cantidad de dióxido de carbono en la atmósfera que de lo que pasó el 4 de abril del 2042 a las doce de la noche.

En la predicción meteorológica es diferente. En la predicción meteorológica me importa mucho cómo empezó todo porque el dónde esté la atmósfera en tan poco tiempo, en 3 o 4 días, sí que depende mucho del minuto cero (y muy poco de la radiación solar y del dióxido de carbono, que van a ser casi los mismos en un intervalo tan pequeño). A las escalas temporales en que varía el clima de la Tierra, este está más constreñido por la órbita del planeta y por la variabilidad natural y antrópica que por cuál fue la condición inicial de la que partimos. Esa es la clave de la diferencia entre predecir el tiempo y saber qué va a pasar con el clima.

El efecto mariposa se expresa a menudo como que el aleteo de una mariposa en una punta del mundo puede formar un huracán en el otro extremo. Hay hasta películas sobre ello. La imagen es poética y ha calado hondo en la mentalidad popular, pero es incorrecta. Lo que en realidad significa el efecto mariposa es que nunca podremos predecir matemáticamente las consecuencias del aleteo de una mariposa, porque cualquier cambio en las condiciones iniciales del sistema –por minúsculo que sea– puede hacer que la dinámica posterior sea muy diferente. Es decir: la incertidumbre inicial se va propagando y multiplicando desde las escalas pequeñas a las grandes. Las otras interpretaciones del efecto mariposa pueden hacernos soñar y despertar valiosas intuiciones sobre el clima, pero no es lo que significa la sensibilidad a las condiciones iniciales.

¿POR QUÉ NOS FIJAMOS EN LA TEMPERATURA MEDIA DEL PLANETA?

PARA acabar este primer capítulo, quizá al lector le haya llamado la atención que uno de los resultados más divulgados de los modelos de clima sea el valor del cambio en la temperatura media en la superficie (ya sea en el suelo o a dos metros de altura).

¿Por qué utilizamos tanto la media global? Podría argüirse que una media sobre toda la Tierra no dice mucho sobre el estado real del planeta. Alguien que tuviera la cabeza en un horno a 50 grados y los pies en el frigorífico a -25 tendría una temperatura media corporal de 37,5, pero probablemente estaría cadáver[11]. ¿Por qué usar la media, que compensa las diferencias?

Hay dos buenas razones para hacerlo así. La primera es porque ese aumento de la media es el efecto principal que cabría esperar del incremento de la concentración de los gases de efecto invernadero. Eso convierte a la media en un indicador directo. Pero la segunda razón, más técnica, es que esa medida maximiza lo que se conoce como «cociente entre la señal y el ruido», que quiere decir el resultado de dividir el efecto de los gases entre la variabilidad natural de la atmósfera, que no tiene que ver con los gases y que a escala global es mínima.

Maximizar en este contexto quiere decir buscar una manera de calcular algo que haga destacar lo más posible el cambio sobre las variaciones accidentales (a estas se les llama «el ruido»), lo que dicho de otra manera significa que podemos estar muy seguros de que si el valor es alto no puede ser por casualidad, sino porque la media ha cambiado más allá de lo que podríamos esperar que variara por causas naturales. Esto quizá hay que leerlo dos veces para entenderlo bien, pero el mensaje es sencillo: utilizar la media de todo el planeta es una manera sólida de ver qué está pasando con el clima.

La media global es por lo tanto una medida robusta, pero no nos informa sobre lo que está pasando en cada sitio, que es lo que nos puede resultar realmente útil. Para saber qué puede pasar en cada sitio tenemos que recurrir a los modelos globales del sistema Tierra, de los que hablaré en el capítulo cinco. Pero antes vamos a ver qué le está pasando exactamente al clima de la Tierra para tenernos tan preocupados.

Lo que sabemos a día de hoy es que el clima de nuestro planeta está cambiando a un ritmo sin precedentes. La causa principal es la emisión de unos gases que generan las actividades humanas. Como consecuencia de esas emisiones hemos llegado a un estado que va a trastornar nuestra forma de vida.

¿Cómo sabemos esto? ¿Qué pruebas hay de ello? ¿Qué va a pasar exactamente? Vamos a revisar ahora las respuestas a estas preguntas, y explica las soluciones que se han propuesto para afrontar un asunto que el secretario general de Naciones Unidas, Kofi Annan, describió hace unos años como «el problema emergente más importante de la humanidad»

Esta frase que se ha entendido mal, porque el matiz de «emergente» es crucial. Naturalmente que hay problemas más serios en el mundo, desde la mortalidad infantil a las hambrunas, pasando por las guerras, pero esos son problemas seculares. El problema nuevo, a añadir a los demás, es lo que le está pasando al planeta como consecuencia de las emisiones y los cambios en los usos del suelo.

2
EL EFECTO INVERNADERO

E L planeta se está calentando. La media anual de la temperatura de la Tierra ha aumentado de manera consistente desde finales del siglo XIX. Esto no lo discute nadie: de cada 100 climatólogos a quienes preguntes, 98 te confirmarán que es así, y además lo harán mostrándote datos fiables y contrastados. De hecho, solo con las observaciones, sin recurrir a modelos, ya se puede decir que estamos seguros tanto de que ha habido una subida del nivel del mar como un incremento del tiempo severo (más inundaciones en unos sitios, más sequías en otros), así como una subida de las temperaturas del mar y de la tierra.

El calentamiento de la Tierra es un hecho empírico, es decir, algo que está basado en medidas cuidadosas realizadas con instrumentos precisos, y validadas por varios equipos independientes. No hay debate al respecto salvo en detalles de especialista.

Para explicar qué quiero decir con esto de «salvo en detalles», pondré un ejemplo: todo el mundo sabe que la Pasión según San Mateo de Bach es una obra musical magnífica, pero a algunos nos gusta más la interpretación de Otto Klemperer del 62 que la de Karl Richter del 79. Se pueden encontrar encendidos debates en twitter sobre cuál es más fiel al espíritu del compositor, si una de estas dos o alguna de las otras 46 grabaciones más importantes. Este es el tipo de controversia que puede existir en climatología respecto al hecho del calentamiento: debates más o menos intensos entre especialistas muy metidos en el tema y que vistos desde fuera quizá puedan sugerir falta de consenso. Pero nada más lejos de la realidad. Nadie discute que esa obra de Bach es excepcional, como nadie discute en serio que la Tierra se esté calentando. Se trata de debates muy específicos en los que caben matices sobre detalles. Pero la sustancia del asunto no es algo que se discuta, salvo en los márgenes de la ciencia.

Cuando escribo que «no hay debate al respecto salvo en detalles de especialista» me refiero a que las posibles controversias que puedan existir se refieren a puntos tan específicos que pocos que no sean expertos en el tema los pueden entender en toda su extensión.

Un ejemplo son las funciones de variabilidad espacial para realizar un muestreo que sirva para interpretar los cambios en el crecimiento de los anillos de los árboles debidas a diferentes condiciones atmosféricas. Puede ser un tema relevante para los dendrocronólogos, pero cualquiera que asista desde fuera al debate no apreciará los matices, y pensará que no hay mucha diferencia entre la elección de un «variograma» u otro.

¿Es la humanidad
la responsable del calentamiento?

Se señala a veces que son *las causas* de ese calentamiento súbito las que son discutibles, aunque, una vez más, 95 de cada 100 climatólogos que consultes te podrán explicar que la razón principal de aquel es el efecto invernadero producido por la actividad humana. Dentro de estas causas se incluyen tanto las emisiones directas por el transporte y la construcción como la deforestación, que por sí sola ya contribuía según el IPCC a un 20% de las emisiones en el año 2006. Las emisiones directas por gases de efecto invernadero han sido el 60%, es decir, la mayoría. El resto han sido debidas a los cambios en los usos del suelo, a la agricultura y ganadería, y a la generación de residuos.

Para poner en contexto esas proporciones, un 98 de cada 100 es aproximadamente igual al número de científicos que, en otro ámbito, saben que la Tierra tiene unos 4500 millones de años o que las especies evolucionan por la selección natural de los mejor adaptados. Solo 3 de cada 100 geólogos piensan que nuestro planeta tiene una edad de 6024 años y que las especies actuales fueron creadas en un momento tal y como son ahora. Bueno, la cifra exacta del 3% me la he inventado, porque no voy a perder el tiempo buscando un dato irrelevante. Quizá sean incluso menos. Los científicos de 2025 estamos todos de acuerdo en que la Tierra se está calentando a un ritmo sin precedentes, y que la causa principal es la actividad humana.

La siguiente objeción que se suele hacer, una vez agotados los dos comodines anteriores, es que no se discute ni que exista un calentamiento global ni que su ritmo desbordado sea debido a las emisiones que venimos haciendo desde el comienzo de la revolución industrial a mediados del siglo diecinueve, sino si las medidas que se proponen para atajarlo son las más adecuadas.

Quizá –se dice– estemos haciendo un daño terrible a la economía para evitar algo que, en el fondo, no es para tanto. O tal vez la ciencia avance lo suficiente en unos pocos años como para solucionar rápidamente los efectos. Voy a revisar esas ideas después, pero para poder hacerlo bien y que el lector se forme su propia opinión tengo que empezar por las dos primeras objeciones y desde el principio, explicando despacio la física que está detrás del cambio climático.

LA FÍSICA DE LA RADIACIÓN

¿Qué es el efecto invernadero? Se trata de un proceso físico muy bien conocido y que se parece a, bueno, lo que ocurre en un invernadero: el sol calienta el interior, y hay algo que evita que el calor se escape.

En el caso del invernadero del jardín, lo que ocurre es que el aire de dentro se calienta, pero las moléculas no pueden atravesar el cristal, sino que rebotan en él. Como cada vez hay más energía dentro, porque el sol sigue entrando y el espacio es el mismo (porque el invernadero no es un globo que se pueda hinchar), las moléculas van cada vez más rápido, y a eso es precisamente a lo que llamamos «temperatura» de un gas en física: a una magnitud que depende de la velocidad media de sus moléculas. Técnicamente, (lo matizo por si alguno de mis colegas se enfada por no ser lo bastante preciso), la temperatura depende de la media de la energía cinética de las moléculas, es decir de la mitad de la masa por la velocidad al cuadrado, pero eso no importa ahora. Lo crucial del ejemplo es darse cuenta de que, a más velocidad media de las moléculas, más temperatura.

Si el aire dentro del invernadero pudiera expandirse entonces la temperatura podría no aumentar (a costa de que disminuyera la presión). Pero eso no puede ocurrir en un invernadero porque lo impiden las paredes cristal. Añadir también que es cierto que en el invernadero operan unas corrientes de convección que complican el análisis, pero en primera aproximación el argumento central no varía.

El proceso descrito no es exactamente el mismo en el planeta, pero se parece lo suficiente. Para explicar con más precisión el efecto invernadero tal y como ocurre en la atmósfera antes tengo que contar qué es la radiación electromagnética. Esto en realidad ya lo conocemos todos, aunque sea por otro nombre, porque todo el mundo tiene noticia de la luz, y esta es una forma de radiación electromagnética. Quizá la más común. Aunque de hecho hay otras formas de radiación con las que también casi todos hemos tenido trato directo, como la que llamamos ondas de microondas, las ondas de radio o televisión, o los rayos x que nos aplican cuando vamos al dentista para vigilar la salud de nuestros dientes.

Todas estas cosas son lo mismo: ondas, o si quiere, pequeñas partículas que se comportan a veces como ondas, y a las que llamamos «fotones». Para subrayar la diferencia con otro tipo de ondas, el sonido es un ejemplo de algo que es una onda pero que no es radiación electromagnética: el sonido son vibraciones del aire o de un fluido.

¿Qué diferencia hay pues entre los rayos x y el color azul del cielo? Pues, simplemente, la energía de cada fotón, o, dicho de otra manera, cómo de rápido vibra la radiación electromagnética. Si la onda oscila muchas veces por segundo, diremos que es «radiación de onda corta». Si es más lenta, de «onda larga». La onda corta es más energética que la larga: esto es muy fácil de recodar si imaginamos algo que está vibrando muchas veces por segundo (onda corta) y lo comparamos con algo que oscila menos rápido (onda larga). Intuitivamente, lo que oscila más deprisa nos parece que tiene más energía que lo que va lento.

Vistas de esta manera, las ondas electromagnéticas que emite la emisora de Radio Clásica en Madrid no son nada más que fotones que oscilan 98,9 millones de veces por segundo, mientras que el color azul está formado por fotones que oscilan 650 billones de veces por segundo[12]. La luz azul es por tanto seis millones de veces más energética que las ondas de radio.

ONDA CORTA Y ONDA LARGA

EL siguiente paso para entender por qué los gases de efecto invernadero calientan la Tierra es saber que la radiación del Sol es radiación de onda corta. El por qué es esto así lo explicó el físico alemán Max Planck. Su «ley de Planck», nos describe con una gran precisión cómo de rápido vibra la radiación electromagnética en función de la temperatura que tenga el cuerpo que la emita. La historia de cómo Planck llegó a esta conclusión en el último año del siglo XIX, es fascinante, y de hecho ese año, 1900, es el comienzo de la teoría científica más precisa que existe: la física cuántica[13]. Pero lo que nos interesa ahora es otra cosa.

La primera clave para entender el efecto invernadero es que el Sol, estando a unos 5500 grados Celsius de temperatura, emite fotones que vibran en su mayoría mucho más deprisa que los fotones que emiten los cuerpos que están más fríos; cuerpos como por ejemplo la Tierra, que está, de media, a unos 27 grados de temperatura, y que, siguiendo la misma ley de Planck emite la mayor parte de sus fotones vibrando mucho más despacio, a aproximadamente 30 billones de veces por segundo.

Esa radiación que emite la Tierra es a la que llamamos «radiación de onda larga». Para ser más precisos, es radiación en el «infrarrojo térmico». Por cierto, que una persona a sus 37 grados habituales emite todo el rato radiación electromagnética, la mayor parte de la cual es de onda larga; de una onda más larga que la luz visible, así que no podemos verla. Pero las serpientes sí que pueden detectarla gracias a unos órganos que tienen en la cabeza llamados «fosetas», y que son sensibles a la radiación infrarroja.

La segunda clave del efecto invernadero es que la atmósfera es transparente a la radiación de onda corta, la que emite el Sol, pero no lo es tanto a la radiación de onda larga, la que emite la Tierra. ¿Por qué? Aquí es donde entran en juego los gases de efecto invernadero. Para entender esto bien hay que hacer a su vez otra pequeña excursión a otra parcela de la física y hablar antes del comportamiento de las moléculas, que son grupos estables de átomos. Esto puede parecer muy complicado, pero en realidad es muy sencillo si se lee despacio.

Las moléculas están vibrando todo el rato. Así, por ejemplo, cada uno de los dos hidrógenos que forman una molécula de agua se alejan y se acercan del átomo de oxígeno muchísimas veces por segundo. Los átomos también se retuercen muy deprisa en sus posiciones relativas dentro de la molécula, girando en un sentido y en otro, o se mueven de manera alterna, oscilando, unas veces de manera acompasada y otras alterna. Estos bailes los hacen todas las moléculas, ninguna está quieta. En el colegio las hemos visto quietas, en ilustraciones o en forma de esos modelos de bolitas tan bonitos, pero la realidad es que están en movimiento constante.

¿Cómo es que algunos gases son «selectivos», y dejan pasar la radiación de onda corta que proviene del sol? La clave del efecto invernadero es que las veces por segundo que oscilan algunas moléculas coincide con las veces por segundo que vibra la radiación electromagnética de onda corta. Cuando eso sucede, cuando la molécula está vibrando al mismo ritmo que la radiación electromagnética que incide sobre ella, la molécula se queda con la energía que lleva esa radiación. Es como si ambas vibraciones encajaran, como si estuvieran bailando al mismo son y la radiación se quedara a bailar en casa de la molécula.

En el caso de la atmósfera, lo que pasa es que algunas de las vibraciones internas de las moléculas de agua, de dióxido de carbono, o de metano se corresponden con la vibración de la radiación en onda larga que emite la Tierra, pero no con la de onda corta del Sol. Por eso dejan pasar la radiación solar, y capturan la que emite la Tierra. Así es como funciona ese «filtro».

Lo que pasa a continuación es que al absorber la energía la molécula se mueve más deprisa, chocando con las moléculas, mucho más numerosas, de nitrógeno y de oxígeno, y esto es lo que calienta el aire.

Esto es en lo que consiste el efecto invernadero: transparencia a la radiación de onda corta que llega del Sol y absorción selectiva de radiación de onda larga que emite la Tierra porque algunas moléculas de la atmósfera vibran precisamente a esas últimas frecuencias, por expresarlo en una línea.

El gas que mejor hace esta tarea de filtro en la atmósfera es el vapor de agua. Gracias a él tenemos temperaturas razonables para que las reacciones bioquímicas se produzcan con relativa eficacia en la Tierra. Sin su contribución natural, la superficie del planeta sería mucho más fría (unos 30 grados), y quizá la biota (el conjunto de seres vivos de planeta) tendría un menor grado de complejidad. Lo que nos permite llevar nuestra vida actual resulta ser el hecho de que una parte muy pequeña del aire (el 0,4% de media) está formada por moléculas de agua: dos átomos de hidrógeno y un átomo de oxígeno.

Volviendo al efecto invernadero, hemos dicho que los gases de efecto invernadero capturan la radiación de onda larga, la que emiten los cuerpos que están a unas decenas de grados de temperatura, y que eso evita que se escapen al espacio, calentando la atmósfera. Pero cuando nos ponemos a hacer las cuentas con todo el detalle que sabemos, todo esto es mucho más complicado y aparecen detalles. Por ejemplo, cada capa horizontal de la atmósfera que se calienta por la radiación de onda larga que viene del suelo vuelve a reemitir onda larga, hacia arriba y hacia abajo, y eso hay que incluirlo en los cálculos. El aire empieza a calentarse por abajo, y emite a una capa más alta. Allí, el aire se calienta también, y reemite tanto hacia arriba como hacia abajo. Esto complica las cuentas. Pero la explicación física de por qué se calienta la atmósfera es en esencia la misma. El efecto invernadero es un fenómeno físico muy estudiado y cuyo funcionamiento se puede explicar con precisión y con un detalle increíble.

Solo nos falta una pieza ya para entender qué está pasando en la Tierra. Esta pieza es que hay otros gases aparte del vapor de agua cuya contribución al efecto invernadero también es importante, aunque estén en una proporción mucho menor que aquel, del orden de tan solo cientos de partes por millón. El dióxido de carbono es el más importante: dos átomos de oxígeno y un átomo de carbono oscilando en sus posiciones relativas de muy diversas maneras y que atrapan también muy eficazmente la radiación de onda larga que emite la Tierra.

La concentración de este gas ha aumentado notablemente desde la revolución industrial, pasando de unas 250 partes por millón a las más de 400 de la actualidad. Su origen es humano: es debido sobre todo a la quema de combustibles fósiles (fundamentalmente petróleo y carbón).

Esto es lo que está haciendo que el clima de la Tierra se haya calentado a una velocidad mucho mayor que nunca. Las pruebas tanto de la tasa de calentamiento como de la atribución del cambio radical a esos gases son abrumadoras, como veremos en el siguiente capítulo.

3
LOS CAMBIOS EN EL CLIMA

HAY decenas de pruebas del cambio climático producido por el calentamiento global. No las voy a enumerar todas, sino que seleccionaré algunas que considero especialmente sólidas. Entre estas, creo que las más interesantes son las que no dependen de opiniones, percepciones o valoraciones, por lo que hablaré primero de ellas.

Por un lado, tenemos observaciones muy detalladas sobre el estado del planeta utilizando diferentes tipos de instrumentos independientes entre sí. Por otro, tenemos el resultado de cálculos muy precisos utilizando lo que sabemos sobre la física de la Tierra.

En el primer caso, se trata de medidas directas de los cambios que se han sucedido en el planeta en los últimos años. Son datos, obtenidos con aparatos muy bien calibrados, y sobre los que no hay más controversia que los detalles de especialista que mencionaba en el capítulo anterior. Entre ellos tenemos las observaciones de los cambios en la temperatura media del planeta que aparecen con claridad en las estaciones meteorológicas. Y ahí vemos que aparece una tendencia clara, un aumento medio de las temperaturas en los más de ciento cincuenta años de registros fiables de observatorio.

No es solo el resultado de simulaciones con modelos más o menos complejos o simplificados como los que veremos en el capítulo cinco (y que se basan en nuestra capacidad para describir físicamente los procesos naturales). Se trata de medidas cuyos datos brutos han sido corregidos y filtrados para evitar errores.

A veces se critican las medidas de las estaciones meteorológicas. Hay que aclarar que los climatólogos sabemos que la población del planeta se ha multiplicado, y con ella la urbanización. Eso se estudia ya en primero de Geografía. Las ciudades se han expandido, hay más gente, asfalto y edificios y esto afecta a las temperaturas del suelo y del aire. Las ciudades actúan como islas de calor que alteran su entorno, y eso hay que tenerlo en cuenta cuando utilizamos los datos de las estaciones. Este es uno de los efectos que se descuentan siempre que se habla del aumento de temperatura del suelo, al igual que los cambios en la localización de las estaciones, y las mejoras en los instrumentos, que como es natural han venido siendo reemplazados por versiones mejores y más actualizadas. Este es un tema bien estudiado, y hay métodos robustos que analizan los efectos que produce cualquier modificación.

Sabemos cómo identificar y corregir los sesgos que se han producido por ejemplo por la sustitución de termómetros clásicos por digitales. Un error común al comparar las medidas de los termómetros de mercurio o alcohol antiguos con los modernos aparece con los récords de máximas. Los termómetros modernos son muy precisos y en cuanto se alcanza el valor máximo, aunque sea durante un instante, este queda registrado como nuevo máximo. En los antiguos, hacía falta un cierto tiempo para que se calentara el bulbo y ascendiera el líquido, con lo que las fluctuaciones rápidas al alza pasaban a veces inadvertidas. Esto genera un sesgo cuando se comparan medidas para buscar el récord histórico. Evidentemente, los buenos climatólogos conocen esto y lo corrigen.

Hay varias personas que han hecho toda su carrera científica investigando tan solo cómo corregir las series temporales de los pluviómetros, una tarea mucho más complicada de lo que le puede parecer a la persona de la calle. Y si la temperatura es complicada, la precipitación, como veremos enseguida, lo es mucho más.

Además de las observaciones de superficie que provienen de los observatorios disponemos de más pruebas, independientes, de que el calentamiento está sucediendo. Entre ellas, hay una manera alternativa y muy elegante para medir los cambios en la temperatura media de la tierra: medir más arriba de donde llegan las ciudades y sus efectos, en los niveles más altos de la troposfera. Allí los procesos son más complejos, pero al no estar en contacto directo con la capa turbulenta, la parte baja de la atmósfera en la cual vivimos, el efecto isla de calor (y otros relacionados) es menor. No podemos colocar un termómetro a diez kilómetros sobre toda la superficie de la tierra. Pero, afortunadamente, para medir allá arriba tenemos los satélites.

Las medidas de satélite de las capas altas de la atmósfera también nos confirman que el planeta se está calentando a un ritmo que coincide con otras observaciones independientes. Y también nos dicen que esa capa se comporta de manera diferente al suelo. Eso es un buen indicador de que algo está pasando, porque es lo que dice la física al respecto.

La detección de los cambios en el clima

La cobertura de hielo en los polos es relativamente sencilla de medir con satélite. Cuando digo «relativamente sencillo» no quiere decir trivial. Hay muchos detalles a considerar si esto se quiere hacer con precisión.

Están las nubes, que limitan las medidas en ciertas longitudes de onda. Está definir el límite entre la nieve o hielo y lo que es agua derretida. Están las nieblas que a veces se pueden confundir con hielo. Está la fragmentación de la cubierta, con trozos cubiertos de nieve y otros de vegetación, o trozos de hielo irregulares flotando sobre el mar. Está también el problema de qué pasa cuando el satélite está midiendo cuadrados de un kilómetro de lado y la nieve o el hielo no cubren esa área de manera completa. Luego está la nieve sucia, que se puede confundir con suelo.

Como se ve, todo un mundo de pequeños desafíos para cada uno de los cuales hay una respuesta sensata en forma de algoritmo y una fórmula detallada paso a paso.

Yendo a los resultados obtenidos con medidas cuidadosas y teniendo en cuenta estos y otros efectos, los registros de satélite muestran una reducción progresiva en el polo norte, que un lugar donde el hielo flota sobre el agua, y también en los bordes de la Antártida, el gran continente que ocupa ahora mismo el polo sur. En la isla más grande del mundo, Groenlandia, sucede algo similar.

Un apunte: es posible que el lector haya leído muchas veces que si todo el hielo del planeta se derritiera el mar subiría varios metros. Esto es cierto excepto en lo que se refiere al hielo marino. Aun así, si solo se derritiera el hielo que hay sobre las tierras emergidas, tendríamos una catástrofe planetaria. Incluso aunque solo lo hiciera una parte. No es probable que todo el hielo de, por ejemplo, la Antártida se funda en los próximos cien años, pero de suceder ejercería un cambio muy notable en el clima del planeta.

Los glaciares son otra de las pruebas visuales y evidentes para todos del calentamiento global. Desde hace varias décadas los glaciares del mundo no dejan de reducirse. Cada vez quedan menos glaciares y son cada vez más cortos, salvo alguna excepción que está bastante bien explicada por la dinámica atmosférica concreta en unos pocos puntos del planeta. La más conocida es la anomalía del Karakoram en el Himalaya. Estos lugares no es que no se vean afectados por el calentamiento medio global, sino que, dicho de una forma simplificada, son los que hacen que la media no sea tan alta.

No todo el mundo ha estado suficiente tiempo cerca de un glaciar para notar su cambio, pero hay otra prueba del calentamiento a la que quizá más gente sea sensible: los cambios en la floración de algunas especies, y en concreto, de los cerezos.

Los japoneses llevan registros precisos de la floración de este árbol desde antes de 1850 y han venido anotando un adelantamiento progresivo. Antes, el cerezo solía florecer en Kioto hacia el uno de abril. Ahora, la fecha del máximo se va adelantando unos nueve días.

Estos cambios en los ciclos vegetales, en lo que se llama la fenología, son paralelos a los que suceden con la temperatura, que también son evidentes para muchas personas; y con la precipitación, que como suele ser más irregular en nuestras latitudes, quizá se note menos. Pero los datos están ahí, y se sabe que los ciclos de las precipitaciones han ido variando en la mayor parte del mundo, de manera que cada vez son más irregulares e impredecibles. Y esto es un problema para los cultivos y las plantas y animales salvajes, porque estos están acostumbrados a unas pautas ambientales y cualquier cambio genera un estrés[14].

La gente puede percibir fácilmente los cambios en la temperatura fijándose en las mínimas. Incluso las personas de mediana edad se darán cuenta de que los inviernos ya no son tan crudos como cuando eran niños. A mediados y finales del siglo veinte todavía se dieron algunas heladas históricas durante el invierno, pero las mínimas no han hecho sino subir.

Los inviernos ya no son tan fríos, y no es solo una percepción debida a que hoy nuestras casas están mejor aisladas y a que somos más ricos de media y podemos calentarnos mejor. Los datos lo confirman. Las máximas también han subido. Esto también lo percibe todo el mundo. No creo que nadie en España pueda decir en serio que su percepción es que los veranos no son ahora más cálidos de antes. No es que ahora estemos menos acostumbrados al estío porque dispongamos de aire acondicionado y eso nos haya vuelto más blandos. Ahora hay picos de temperatura que baten récords de observatorio (una vez más: después de hechas las correcciones oportunas). De momento estos episodios son esporádicos y duran poco, pero se va apreciando una tendencia a que cada vez duren más y a que empiecen a suceder donde antes el verano no era tan caluroso, como por ejemplo en el norte de España.

En esos lugares está habiendo otros cambios sensibles. Y es que peor aún que las temperaturas muy altas son las temperaturas muy altas combinadas con mucha humedad. Esta es la causa de la sensación de bochorno, ese calor pegajoso que no se quita y que solo el aire acondicionado puede paliar.

El calor seco es soportable yéndose a la sombra, pero el húmedo no: te envuelve por completo, te agobia y hace el ambiente irrespirable. La sensación de sofoco es muy desagradable, sobre todo si no estás acostumbrado. En las selvas tropicales de Brasil la combinación de temperatura y humedad hace la vida humana complicada.

El aumento de las máximas en lugares húmedos es un fenómeno global que sucede en muchos lugares del planeta. Una consecuencia directa de este es que hay una mayor incidencia de muertes por golpes de calor a pesar de la continua expansión de las comodidades modernas. Las olas de calor de Rusia del año 2010 fueron la causa estimada directa de más de 55.000 muertes.

LA APERTURA DEL ÁRTICO

RUSIA es un ejemplo interesante porque es de esos países en los que la incidencia del cambio climático puede ser muy importante. La apertura de nuevas rutas comerciales gracias a la reducción de grosor del hielo marino entra dentro de las oportunidades surgidas con el cambio climático, y es algo que tiene consecuencias geopolíticas, puesto que hay otros países que también quieren aprovecharse de las nuevas rutas y de recursos marinos y terrestres que se vuelven aprovechables.

Los cambios en la vegetación entran también dentro de los efectos esperados. La parte norte del país más grande del mundo, en el borde del círculo polar ártico (el límite en el que sol no se pone durante varios meses), está cubierta por un tipo de bosque adaptado a unas condiciones antes extremas. Es la taiga. Son bosques muy homogéneos de píceas (como el abeto) y pinos (pino albar), además de alerces. Más arriba de la taiga, dentro del círculo polar, está la tundra, unas enormes extensiones de arbustos de abedul, sauces y alisos, al sur, y de praderas inacabables de musgos y líquenes que por el momento están cubiertos por la nieve durante la mayor parte del año. Gracias a este manto blanco están protegidas, ya que la nieve es un buen aislante térmico.

Más arriba, más al norte, el musgo se alinea formando unas mallas características alrededor de un suelo desnudo. Se ha dicho que el incremento de la temperatura del ártico podría ocasionar un cambio de paisaje de Estados Unidos, Canadá, Groenlandia (que técnicamente pertenece a Dinamarca; veremos por cuánto tiempo), Escandinavia y Rusia, abriendo nuevas oportunidades de explotación económica, como el turismo, y ahorrando costes de calefacción. Pero no está claro que esto compense los otros efectos del calentamiento, ni siquiera para Rusia.

En primer lugar, porque sin el efecto protector de la nieve la vegetación queda a expensas del helado viento del ártico, lo cual no va a favorecer su desarrollo. En segundo lugar, más que la temperatura, lo que limita la vegetación en esas latitudes es la cantidad de radiación solar disponible para su ciclo vegetal. Además, y quizá esto sea lo más importante, en todo el norte del país hay amplios espacios en los que el suelo está congelado. No frío, sino congelado, en unas condiciones es las que es muy difícil hasta hacer un agujero. Ese suelo permanentemente helado, el *permafrost*, almacena grandes cantidades de otro gas que tiene una gran capacidad de calentar el aire: el metano, 300 veces más eficaz que el dióxido de carbono en cuanto a capturar la radiación infrarroja.

La liberación de este gas tanto de esos suelos como del fondo del océano puede agravar el calentamiento global y disparar un proceso acumulativo. No sabemos todo lo que querríamos sobre los mecanismos asociados, en buena parte porque la cantidad de metano en esos almacenes no es del todo conocida, pero la perspectiva de una suelta súbita de metano no es halagüeña. Las especies podrían no tener tiempo de adaptarse a cambios tan rápidos, y es muy posible que el calentamiento que genere esa liberación sea mayor que la esperada, ya que se suele trabajar con estimaciones conservadoras.

La fusión del permafrost tiene además otras consecuencias incómodas, como deslizamiento de laderas, hundimiento de construcciones (casas, carreteras, instalaciones), e inundaciones.

El avance de los desiertos, en otras latitudes, es otro de los hechos comprobados del cambio climático que no pasan desapercibidos cuando observamos la Tierra desde el espacio.

En el Sahel, en el borde sur del desierto del Sáhara, la zona semiárida, la sabana más al sur e incluso las tierras cultivables van retrocediendo año a año en favor de la arena. Esto induce migraciones del campo a unas ciudades ya masificadas y en las que hay pocas posibilidades de progresar, incrementando la pobreza y la inestabilidad social.

Aunque existen diferentes aproximaciones a las causas de esto desde la Geografía Política, las consecuencias no se suelen discutir. No creo descubrir nada nuevo si digo que cuando la gente ve peligrar su sustento se pone nerviosa y que llegado a un punto de desesperación está dispuesta a hacer cualquier cosa para sobrevivir. Se podría discutir la parte social del asunto, pero el proceso físico por el cual se desencadenan esos procesos se conoce con precisión. Al igual que el anticiclón de las Azores refuerza un tipo de circulación en nuestras latitudes, los cambios del clima global hacen oscilar en los trópicos la llamada zona de convergencia intertropical. La saca fuera de sus lugares habituales, más al norte y más al sur, ensanchándola desde su posición central en el ecuador. Esto cambia el clima de esas latitudes, y la presión demográfica y las prácticas de cultivo hacen el resto en cuanto a los impactos. En pocos años, el desierto avanza y la zona se convierte en inhabitable.

No hay más que ver una animación de imágenes de satélite para darse cuenta de este fenómeno. Desde 1920, el desierto ha avanzado un diez por ciento. La disminución de mares y lagos interiores, como el lago Chad (o el mar de Aral en Asia) son evidentes, y aunque en estos casos el factor humano directo ha sido decisivo, el avance del Sáhara es debido al efecto de los gases de efecto invernadero, también un efecto humano directo, si se quiere, pero de otra índole.

No es el único causante, sin embargo: hay un mecanismo natural, denominada «oscilación multidecadal atlántica» (AMO), que sigue un ciclo de entre 50 y 70 años, que también ha tenido que ver en el avance del desierto. Pero esto se tiene en cuenta en nuestros cálculos, y se sabe que no explica por sí solo el proceso de desertificación y la observación de que en las áreas de contacto entre el Sahel y las sabanas la aridez no cesa de avanzar.

El Sahara es un ejemplo interesante de lo que sucede con los cambios climáticos históricos, aquellos cuyo periodo es mucho más largo, de siglos. En climatología se sabe que siempre ha habido cambios, solo que antes ocurrían en ciclos muy largos y ahora están sucediendo rápidamente. Es posible que el lector ya sepa que en la época del apogeo del imperio egipcio, hacia el 2500 antes de nuestra era, los márgenes del Nilo eran muy diferentes a los actuales[15].

Hoy sabemos mucho más, y contamos con técnicas muy precisas para determinar cómo eran los climas del pasado. Más allá del cauce y del delta del Nilo, hoy se extiende el desierto. En aquel tiempo, sin embargo, el ambiente era mucho más verde. De esto tenemos pruebas[16] duras, medidas físicas que son difícilmente cuestionables, pero también pruebas arqueológicas que lo confirman. En los bajorrelieves egipcios de la época y en las pinturas conservadas en las tumbas es habitual encontrar escenas de caza que muestran paisajes diferentes a los actuales, con animales que hace mucho que no corretean por los márgenes de El Río. Y es que, a partir de la quinta dinastía, Egipto empezó a convertirse en lo que es ahora.

De hecho, se sabe que el Sahara ha oscilado entre verde y desierto al menos los últimos nueve millones de años debido a un movimiento de la Tierra que se parece al cabeceo de una peonza, solo que muchísimo más lento (el cabeceo del planeta da una vuelta cada 26.000 años). En las épocas en que se recibe un poco más de energía solar en verano, el Sahara se vuelve un desierto. Cuando recibe el mínimo, empieza a llover más, y eso genera una reacción en cadena que a lo largo de los siglos se traduce en más vegetación. Eso es al menos lo que parece que ha sucedido hasta ahora.

Pero con los nuevos efectos de los humanos, el proceso puede cambiar y podemos encontrarnos con que la vegetación no se recupera, sino que el desierto avanza inexorablemente: si el proceso natural continuara dentro de unos miles de años, el Sáhara se recuperaría, pero con nuestra actividad industrial es posible no solo que esto no suceda, sino que el desierto avance hasta donde los ciclos naturales no lo han llevado nunca. Lo que antes ocurría en ciclos largos que se repetían ahora están sucediendo rápidamente, y puede que incluso cambie el patrón de lo que ha pasado en los últimos 9 millones de años, interrumpiendo el próximo ciclo de reverdecimiento y convirtiendo al Sahara en un desierto más grande de lo que ya es, y para mucho más tiempo.

¿Nos importa mucho ahora lo que pase dentro de mil o dos mil años? Quizá no, pero el ejemplo que acabo de poner es solo para resaltar que sabemos bastante bien cuáles son los ritmos naturales del planeta, y los efectos que estamos generando sobre ellos. A horizontes mucho más cortos, de la próxima generación o incluso de lo que nos queda de vida a la nuestra, hay consecuencias que sí deberían importarnos, y mucho.

LOS CICLOS DEL AGUA

UNO de los efectos más importantes del cambio climático inmediato es la modificación, que ya ha comenzado, en los ciclos del agua.

Aquí también hay medidas bastante fiables, en algunos casos utilizando métodos muy sofisticados y sorprendentes.

Uno de los más ingeniosos es el método de la misión espacial GRACE, diseñada para medir desde el espacio los cambios en la cantidad de agua del planeta.

Se trata de dos aparatos que orbitan en paralelo a unos 500 kilómetros de altura, dando 16 vueltas a la Tierra cada día. Los dos satélites, viajando a unos 8 kilómetros por segundo, están comunicados todo el rato y su posición se conoce con extraordinaria precisión gracias a los satélites GPS (que se mueve en una órbita mucho más alta, a unos 20.000 kilómetros de altura), de manera que se puede conocer con mucha exactitud la posición relativa de un aparato con respecto al otro.

El principio de medida de GRACE es muy interesante. La altura de un satélite respecto a la superficie de la Tierra varía unas cantidades muy pequeñas debido a que el planeta no es ni perfectamente redondo ni homogéneo. En algunas zonas hay más masa que en otras. Esto hace que la Tierra atraiga más a lo que se encuentre en esa vertical. En otras zonas hay pequeñas depresiones, o lugares en los que la materia es menos densa. Cuando el satélite pasa por encima de ellos, sube un poco o se mueve más o menos rápido. Esta montaña rusa de pequeñísimas subidas y bajadas y frenazos y acelerones se puede ir midiendo con mucha precisión a través de la posición relativa de un satélite respecto a otro.

Los cambios son minúsculos, del orden de la décima parte del grosor de un pelo, y los satélites están a unos 200 kilómetros el uno del otro, pero se pueden medir bien. Esto es muy revelador de la precisión que ha alcanzado la tecnología en nuestros días.

Al cabo de muchas órbitas, los satélites de GRACE van dibujando un mapa detallado de sus subidas y bajadas. ¿Qué pasa cuando se acumula mucha agua subterránea? Pues que aumenta la masa de un lugar respecto a lo habitual, y eso se traslada en que el satélite ahora baja un poco cuando pasa por ahí. Cuando esa agua deja de estar ahí, el satélite vuelve a subir.

Lo mismo sucede con la nieve y el hielo. Su acumulación produce un cambio, una anomalía, en la gravedad de un punto, y eso es algo que podemos medir desde el espacio. Un método similar utilizando péndulos para medir variaciones en la gravedad se empleaba ya por los geólogos en tierra para detectar yacimientos y conocer el interior de la Tierra (la idea se le ocurrió primero a Francis Bacon en 1620), pero la estrategia de hacerlo desde dos cacharros que se mueven a 28.800 kilómetros por hora por el espacio, y hacerlo para medir el agua, es muy ingeniosa.

Los satélites tienen la ventaja de que están siempre ahí, girando sin parar a toda velocidad y visitando el mismo punto de la Tierra de una manera regular. También, miden con los mismos instrumentos todo el rato; instrumentos que se calibran continuamente para estar seguros de que está midiendo lo que se supone que tiene que medir. Esto reduce mucho los errores experimentales, y en concreto los que se cometen cuando miden varias personas con diferentes aparatos. La corrección de series temporales de la que hablaba más arriba se hace más sencilla.

Utilizando GRACE se sabe, por ejemplo, que el centro de Groenlandia, un lugar donde es muy difícil situar una red densa de instrumentos, está incrementado su espesor de hielo. En los bordes de la isla ocurre lo contrario: cada vez se está deshaciendo más, modificando la densidad del agua del mar (el hielo es agua dulce), y aumentado el volumen del océano.

GRACE también ha tomado medidas del polo sur y de los acuíferos de todo el planeta. Gracias a estos sensores podemos ir vigilando los cambios en la cantidad de agua almacenada de lo que se han llamado «embalses subterráneos», o acuíferos.

EL RASTRO DEL DINERO

EL cambio climático empieza a afectar a varios ámbitos de la sociedad. Una de mis pruebas blandas favoritas de que el cambio climático no es ninguna fantasía es algo que no tiene que ver con la física. Las actividades económicas de los países más ricos están ya modificándose para responder al cambio climático[17].

Un sector en el que esto se aprecia con mucha claridad es el del vino. Es una actividad de alto valor añadido, ligada a la tierra, y sensible al clima. Las buenas añadas dependen de que las uvas hayan tenido las cantidades justas de temperatura y humedad. Demasiada lluvia, o temperaturas desacostumbradas afectan la calidad de la materia prima. Los cambios ambientales en los viñedos europeos están llevando a que cada vez se pueda cultivar más al norte, y que haya habido que empezar a cambiar algunas de las variedades de las zonas tradicionales para adaptarse a los cambios en el clima. Ha habido que implantar cambios en los sistemas de cultivo, en las labores agrícolas y en los tiempos en que se desarrollan estas.

Las compras de nuevas tierras en Inglaterra o incluso en Dinamarca por parte de grandes grupos empresariales y bodegas españolas para convertirlas en nuevos viñedos son un indicador muy claro de que lo que está ocurriendo con el clima no es una preocupación meramente académica. En California, Chile y Australia se están viviendo procesos similares: búsqueda de nuevas latitudes, y viñedos cada vez a más altura. Hay que tener en cuenta que planificar una nueva bodega es un proceso que lleva más de una década, y que la inversión es considerable. Pero adelantarse a los problemas suele ser una actitud inteligente.

El llamado «mercado de futuros» es otro indicador indirecto de que los inversores son conscientes de que el cambio climático es una realidad. Es una buena muestra de la seriedad del tema, porque ahí la gente se juega mucho dinero. El negocio de este sector consiste en realizar compras a un precio fijo en el futuro. Si en invierno yo soy el único que sé que la cosecha de trigo de Ucrania del verano siguiente va a ser escasa, puedo comprarlo ya esperando poder venderlo caro cuando se siegue y los compradores lo quieran adquirir. Y si sé que dentro de veinte años no se va a poder cultivar trigo en Castilla, porque las condiciones climáticas no van a ser las adecuadas, no invertiré en empresas de cosechadoras en Valladolid. Son solo dos ejemplos, pero hay decenas de casos en los que las proyecciones del clima futuro influyen en las inversiones a largo plazo.

En el caso del turismo, un sector muy importante y una manera muy rápida de redistribuir riqueza, esto es obvio. Las inversiones en infraestructuras hoteleras no dejan de incrementarse en aquellos lugares que pueden volverse más atractivos por el calentamiento del planeta. Por el contrario, cada vez se apuesta menos por propiedades en primera línea de playa. Las playas no van a desaparecer, claro. Simplemente, estarán más arriba, y al igual que hoy nos bañamos en lugares del Mediterráneo bajo los cuales hay ciudades romanas sepultadas por terremotos, algún día nuestros sucesores harán esnórquel sobre los restos de los rascacielos de algún pueblo costero del Levante.

Existen muchas más pruebas del cambio climático. Las hay muy técnicas y difíciles de explicar sin un curso previo de física de la atmósfera, y las hay más simples pero que requieren herramientas matemáticas y ecuaciones. Estas últimas son muy directas, pero tienen el inconveniente de que hay que manejar conceptos que la mayoría de los lectores que no las empleen habitualmente, incluso aquellos con formación en ciencias, habrán olvidado ya.

En este capítulo me he centrado solo en las más sencillas, directas y difíciles de cuestionar incluso por los más escépticos, y solo he utilizado medidas y observaciones. Pasaré enseguida a explorar algunos de los cambios que podrían darse en el clima del planeta si seguimos emitiendo gases de efecto invernadero al ritmo actual. Pero antes conviene detenerse un poco a explorar el lugar que tiene ese escepticismo que acabo de mencionar en el pensamiento contemporáneo.

4

CIENCIA Y ESCEPTICISMO

Toda buena ciencia es escéptica. Esta afirmación quizá sorprenda al lector, sobre todo después de la rotundidad con la que he tratado las pruebas sobre el cambio climático en el capítulo anterior, pero este es un hecho incrustado en la esencia misma del método científico, y al que merece la pena dedicarle atención antes de pasar a ver qué es lo que va a suceder con el clima actual.

El buen científico duda de todo (y si es honesto, especialmente de sus propias teorías y descubrimientos). Como un niño curioso, siempre se está preguntando el porqué de las cosas, y también como un niño inteligente se pasa el día repensando lo que creemos saber, sin dar nada por sentado. De hecho, yo diría que la primera obligación moral de un científico es cuestionar todo lo que le han enseñado, incluso lo más básico.

La ciencia es una forma de conocimiento con unas reglas muy transparentes y con un funcionamiento preciso, y la duda forma parte de su núcleo. Decía Mario Bunge que el contacto con los escépticos profesionales (refiriéndose a los profesionales de la filosofía de la ciencia) puede proteger al científico del dogmatismo[18].

El método científico

Después de muchos siglos de esfuerzos compartidos y de algunos traspiés, los humanos hemos acordado que la mejor manera de avanzar el conocimiento de la especie es hacerlo sobre bases sólidas, y eso obliga a dudar siempre. El resultado de este esfuerzo intelectual ha sido el método científico hipotético-deductivo, basado en una observación cuidadosa y repetible de la naturaleza. Gracias a él tenemos antibióticos, lavadoras, radiografías o helicópteros.

Este método de trabajo es uno de los mejores inventos de la humanidad, y es un invento porque no es algo que esté ahí a la vista de cualquiera o que se críe en los árboles. Es algo que tuvo que ser pensado, diseñado y refinado. En un lugar de honor del largo proceso intelectual que nos condujo adonde estamos hoy está Galileo.

La historia completa de este gran invento da para otro libro. Resumiéndolo en pocas líneas, los científicos proponemos hipótesis, ideas sobre cómo funcionan las cosas, que luego han de ser contrastadas por medidas independientes.

Para esto último, se proponen experimentos que cualquiera que tenga los medios pueda llevar a cabo. Si los resultados de los experimentos están de acuerdo con la hipótesis, esta se acepta de manera provisional. Si no, se desecha. Si varios científicos a lo largo del tiempo realizan experimentos y no encuentran ninguna contradicción, la hipótesis se convierte en una teoría, y al cabo de cierto tiempo, en principio o ley. En todo caso, la teoría siempre está ahí, desnuda, a la espera de ser cuestionada en cualquier momento.

La manera de saber si una teoría es cierta es por tanto muy sencilla: comprobar las predicciones que hace con una medida o un experimento. De hecho, lo que no pueda ser comprobado de esa manera marca el límite entre lo que es ciencia y lo que no. Puedo idear una hipótesis fantástica sobre por qué llueve en invierno que diga que es debido al llanto de la madre tierra, pero si no puedo pensar en un experimento para comprobarlo, mi afirmación no es científica (sino más bien poética). Si digo, por el contrario, que la lluvia es debida al crecimiento de copos de nieve en las nubes, y que la lluvia son las lágrimas de la nieve (por seguir con la vena lírica), puedo subirme a un avión para medir si al ascender por la troposfera la lluvia es cada vez más fría, y si llega un momento en que me encuentro con nieve. Eso sí que es una teoría científica (una teoría que luego, por otra parte, hay que matizar, porque la lluvia en verano no siempre se forma así, como veremos en el capítulo seis).

El contraste con los experimentos es pues la piedra de toque de la ciencia. Si los experimentos contradicen mi hipótesis, aunque esta sea preciosa, debo desecharla y buscar una mejor.

Es duro, pero es así. La teoría de los cuatro elementos de Empédocles era conceptualmente muy sencilla, bella y elegante, pero no explicaba —entre otras muchas cosas— por qué algunos cuerpos aumentaban de masa durante su combustión, por lo que tuvo que ser rechazada por los científicos cuando se obtuvieron medidas precisas.

Otro ejemplo de hipótesis elegante pero desechada es la que dice que el cambio climático actual es debido solo a las alteraciones en la órbita de la Tierra. Es una hipótesis razonable, y de hecho explica las variaciones de la temperatura de las eras geológicas anteriores y parte de la actual, pero hoy ya no se sostiene como causa única. Ni siquiera es central a efectos de lo que estamos experimentando ahora. Las medidas del estado del planeta en los últimos 150 años no se pueden explicar atendiendo solo a esa causa.

La precesión del eje terrestre o las alineaciones planetarias pueden haber tenido una importancia mayor o menor en larguísimos periodos, pero no pueden explicar por sí solas el calentamiento súbito que estamos sufriendo. Un calentamiento que, por otro lado, se explica perfectamente con la hipótesis del incremento de los gases de efecto invernadero que emite la humanidad desde el principio de la revolución industrial, y que ha llevado a que tengamos concentraciones de dióxido de carbono que no se han visto en el planeta desde hace dos millones de años.

Se suele recurrir aquí al argumento de simplicidad, la famosa «navaja de Ockham», que dice que si hay hipótesis que compiten se debe elegir las más sencilla como la explicación más probable. Esto ha sido muy discutido como método de adquisición de conocimiento (¿qué significa sencillo? ¿puede algo parecer complicado al principio y después resultar sencillo?), por lo que no lo emplearé. Tampoco hace falta, porque la teoría astronómica del cambio climático es demostrablemente falsa sin recurrir a argumentos filosóficos.

La precesión del eje terrestre que comentaba hace un minuto es un movimiento de muy largo plazo (casi 26.000 años) que va cambiando la fecha de los equinoccios, y por tanto las estaciones. Es debido a la interacción Tierra-Sol y a la inclinación del eje terrestre (que también cambia). Es el movimiento que hace que la estrella polar hoy sea Polaris, en la constelación de la Osa Menor, y que en tiempos de los egipcios fuera Thuban, en la del Dragón. Superpuesto a este movimiento del eje está el de nutación, debido a la contribución gravitatoria adicional de la Luna. Estos efectos, así como la precesión del perihelio y otras variaciones orbitales (ciclos de Milankovic) ya se consideran en los estudios serios del clima, e incluso se corrigen en el calendario cuando es necesario.

Otros métodos de conocimiento

La manera de construir el conocimiento del método hipotético-deductivo difiere notablemente de sus alternativas. Del criterio de autoridad, por ejemplo. Este dice que algo es cierto porque alguien muy respetado lo decía.

El ejemplo clásico es Aristóteles, cuyas ideas erróneas sobre física y meteorología se enseñaron durante siglos solo por el gran prestigio de este pensador. Que conste que a pesar de haberse equivocado mucho, Aristóteles realizó también observaciones muy penetrantes sobre una cantidad enorme de saberes que van desde las plantas al teatro. Haber errado en casi todo en ciencias naturales no desmerece de su enorme contribución al pensamiento humano, especialmente en la ciencia de la Biología, de la que se le considera fundador.

Además de Aristóteles, hay otros muchos casos de errores debidos al criterio de autoridad, incluyendo las primeras resistencias a la teoría de la relatividad que propuso un Einstein jovencito, y que cuestionaba el trabajo del muy respetado Newton. O las reticencias a la teoría cuántica, que han durado hasta principios de siglo (incluyendo a Einstein, que pronunció su famosa frase «Dios no juega a los dados» para referirse al profundo desagrado intelectual que produce en algunos físicos la existencia de una incertidumbre inherente a la naturaleza). Hay que decir que la aversión al carácter probabilista inherente a los fenómenos naturales sigue muy asentada entre algunos físicos, especialmente aquellos que no utilizan la cuántica habitualmente, o que no han profundizado en su estudio. Pero hoy, la cuántica sigue siendo la teoría física más validada y sus pronósticos los más precisos que se hayan visto jamás.

En relación con los aspectos epistemológicos de este capítulo, hay perspectivas que son difíciles de evaluar desde las ciencias naturales o las disciplinas sociales vistas por separado. Así, por ejemplo, algunos de los debates sobre el concepto de cambio climático y modelización aparecidos por ejemplo en el *British Journal for the Philosophy of Science, Dialectica, Philosophy of Science,* o *Synthese,* se entienden a veces mal desde el campo de las ciencias naturales, que los ven como ataques desprovistos de un conocimiento profundo en ciencias. Creo que esta percepción está injustificada, y que la epistemología y en general la gnoseología tienen mucho que aportar no solo a los debates sociales sobre cómo abordar la emergencia climática, sino también a los mismos fundamentos de las investigaciones en modelización.

Otra forma de conocimiento diferente de la deducción es la inducción, que va reforzando una idea inicial a partir de generalizar observaciones. Cuantos más casos favorables se tengan, más probable es que la idea sea correcta. Esto es algo que se usa bastante en la vida corriente, una forma natural de razonar para los humanos.

El ejemplo clásico es el del color de los cisnes. Un inductivo diría: no sé cuál es el color de los cisnes, pero si veo un cisne, y resulta que es blanco, y veo otro y también, y veo mil y todos son blancos, el método inductivo me lleva a concluir que todos los cisnes son blancos. Muy lógico, pero este método tiene el problema de que según se van entrando en la piscina del conocimiento, enseguida se pierde pie. En el caso de los cisnes, la realidad es que hay cisnes negros, luego la mera generalización de casos particulares nos lleva a una conclusión general que resulta errónea. Hay que introducir excepciones.

Como curiosidad, el primer cisne negro se observó en 1697 en Australia. Hasta que el mundo fue consciente de aquel continente, el consenso científico era que todos los cisnes eran blancos. Este es uno de los casos más dramáticos en que toda una teoría filosófica, la inducción, se ve destruida en un momento por una observación clave, y ha de ser modificada (en este caso adaptándola con la inducción probabilista, o la inducción de Herschel).

El método deductivo hubiera planteado el tema de los cisnes de otra manera. Hubiera dicho: «supongamos que todos los cisnes son blancos», y hubiera empezado a observar cisnes. Después de ver mil cisnes, diría: «no encuentro evidencia de que los cisnes no sean blancos, luego mi hipótesis es provisionalmente correcta».

Pero en el momento en que alguien viera un cisne negro, y otro lo confirmara de manera independiente, tendría que abandonar su hipótesis. Lo que para la inducción puede ser una excepción a la regla, que sigue siendo cierta, para la deducción lleva al abandono de la teoría y a buscar otra mejor. Cualquier persona sensata diría que, «bueno, a mí me da la impresión de que, si solo uno de cada mil cisnes es negro, la teoría general de que los cisnes son blancos está bastante bien». Pero una persona igual de sensata a la par que inconformista querría ir más allá, y entender por qué hay cisnes negros.

De hecho, hay buenas razones filosóficas para abandonar la inducción como forma de investigación científica, pero no hace falta enredarse con argumentos lingüísticos. El movimiento se demuestra andando, y el método hipotético-deductivo ha obtenido muchos más éxitos que el inductivo.

La afirmación anterior hay que matizarla, puesto que la inducción juega un papel en la definición de hipótesis: al realizar observaciones, los científicos no podemos evitar ver pautas, coincidencias y casos que se repiten. Con «intuiciones» basadas en la inducción se pueden construir después hipótesis que ser falsadas con el método hipotético-deductivo, luego la inducción en realidad sí que juega cierto papel en la ciencia. Es inevitable, por otro lado, puesto que nuestro cerebro ha evolucionado para darle sentido al mundo buscando patrones. Pero el método hipotético-deductivo da un paso más allá y ofrece una manera de refinar nuestro razonamiento con un sistema robusto que en muchísimas ocasiones nos genera un resultado que pervierte nuestras expectativas y nos sorprende. De ahí su importancia.

Gracias a no ir acumulando excepciones sino desechar lo que no funciona, el método hipotético-deductivo ha permitido grandes avances en biología, química, física, y otras ciencias. El afán de comprender por qué algunos animales son diferentes del resto de la especie, en vez de considerarlos simplemente como casos raros, llevó al desarrollo de la genética, y es uno de los pilares de la teoría de la evolución de las especies.

Si intento comprender la excepción, en vez de aceptarla como algo ajeno a mi teoría, me encuentro por ejemplo con el concepto de mutación, y a partir de ahí y de la selección natural puedo plantear una teoría que explique paso a paso cómo funciona el proceso por el cual los cisnes toman su color. La nueva teoría se sostendrá mientras no encuentre casos que la contradigan. Y, de hecho, la nueva teoría me explica no sólo por qué la gran mayoría de los cisnes son blancos, sino por qué hay algunos que son negros. Ya no necesito recurrir a una nota a pie de página con la dichosa excepción que se sale de mi esquema. Claramente, la nueva teoría es mejor. Estoy avanzando el conocimiento y haciéndolo sobre bases más firmes.

Voy a poner un ejemplo de aplicación del método científico sin salir de casa (y así nadie se enfada): en el año 2010 aún no sabíamos con precisión cómo varía la distribución del tamaño de las gotas de lluvia en función de la distancia.

Este es un dato muy importante para calibrar los radares, especialmente los espaciales a bordo de satélites, y así poder saber cuánto llueve (y luego, poder estimar qué cambios puede haber en la precipitación del futuro).

Mi hipótesis era que la variación no era aleatoria, y que la correlación espacial cambiaba de manera suave. Para validar esta hipótesis y determinar los parámetros necesarios para la calibración llevé a cabo el primer experimento al respecto. Diseñamos y situamos 16 aparatos (llamados disdrómetros), y estuvimos midiendo durante meses. Unos años antes de eso, naturalmente, tuve que escribir un proyecto de investigación, solicitar una buena cantidad de dinero, diseñar los equipos, pedir los permisos, visitar las instalaciones, instalar los aparatos, contratar operarios para el mantenimiento, asegurarme de que los instrumentos medían correctamente, calibrarlos, poner a punto el servidor donde se recibían las medidas en tiempo real y disponer de toda la infraestructura informática para el análisis.

Una vez recopilados suficientes datos comprobé que la hipótesis inicial era correcta y publicamos el resultado. Hasta ese momento, teníamos una hipótesis. A partir de entonces, una teoría que de momento no ha sido refutada. De hecho, nuestros resultados fueron luego replicados por otros grupos independientes.

Un aspecto muy interesante y que refleja lo robusto del método científico es que en ese experimento detectamos una anomalía. Había una medida extraña que no cuadraba con las demás. Confiando no obstante en la hipótesis, reporté todos los resultados, reflejando en el artículo la anomalía a la espera de realizar un análisis más en detalle. A veces, esos «cisnes negros» son los más interesantes. En este caso no fue así. Haciendo revisar todo el proceso me di cuenta de un problema a la hora de procesar los datos. Una vez corregido un error puramente mecánico, el equivalente a una errata en un texto, los datos se ajustaron perfectamente a la hipótesis.

Sentido común y observaciones

He escrito arriba que las medidas son el fundamento de la ciencia moderna. Es cierto, no obstante, que hay que tener cuidado con las observaciones, y con lo que parece obvio a primera vista.

Hay pocas cosas tan evidentes como que el Sol gira alrededor de la Tierra. No hay más que tener un ojo y sentido común para apreciar cómo a lo largo del día el Sol sale por –más o menos– el este y se pone –más o menos– por el oeste, alcanzando su punto más alto cuando pasa por el sur.

Es tan evidente que estoy seguro de que cuando Aristarco, en el siglo tercero antes de nuestra era, propuso que era la Tierra la que giraba alrededor de Sol, hubo mucha diversión a su costa. «Sí, es cierto que el movimiento del planeta Marte y el de Venus son difíciles de explicar, pero es tan obvio que es el Sol el que gira alrededor de la Tierra que tiene que haber otra explicación más sencilla», debieron decirle. Y, de hecho, la teoría correcta fue un pensamiento marginal en las corrientes intelectuales de los siguientes mil ochocientos años.

Todo filósofo que se preciara (y, sobre todo, todo filósofo que quisiera que le hicieran algún caso) seguía a Aristóteles y a Ptolomeo sosteniendo —al menos en público— que como todo el mundo puede ver, el Sol gira alrededor de la Tierra.

El problema es que esos planetas hacen cosas muy locas en el cielo: primero avanzan, en la dirección en que se mueve el Sol, pero luego, de repente, vuelven hacia atrás durante unas semanas, para regresar luego al camino habitual, formando una especie de lazos muy extraños. Y eso es difícil de casar con que todo gire alrededor de la Tierra, como parece sugerir el que hasta el mismo Sol lo haga. Y los movimientos de Venus y Mercurio también son difíciles de explicar en el sistema geocéntrico, porque nunca se alejan demasiado del Sol.

En todo ese tiempo siempre hubo alguien al que le molestaba profundamente que la teoría geocéntrica no pudiera explicar del todo bien el movimiento de Marte y Júpiter. Para solucionar esa y otras pequeñas molestias, los astrónomos oficiales propusieron unas maneras bastante elaboradas de explicar lo que se conoce como el movimiento retrógrado de Marte. «Bueno», dijeron, «quizá Marte va dando vueltas en su órbita, al mismo tiempo que gira alrededor de la Tierra». A esa órbita adicional le llamaron epiciclo (que no quiere decir más que «círculo sobre círculo»). Pero eso era una solución tan a medida, que no satisfizo a los inconformistas, a los cuales me encantaría poder nombrar, pero es que como no eran los astrónomos oficiales, nadie sabe de ellos —salvo de un tal Seleuco, del que sabemos poco más que su nombre—.

Entonces, ¿por qué se acabó aceptando la teoría de Aristarco? La razón hay que buscarla precisamente en las medidas y en algo despreciado por algunos científicos que es la búsqueda de la belleza y de la armonía. Según fueron avanzando las capacidades de observación llegó un momento en que para explicar el movimiento no solo de Marte y Júpiter, sino del resto de los planetas, había que superponer un epiciclo tras otro, convirtiendo al sistema solar en una colección de órbitas de diferentes tamaños que iban sobre otras y que se movían a diferentes velocidades hasta que todo encajaba con lo que se veía. Cada nueva observación obligaba a añadir otro círculo que giraba encima de otro, que a su vez se movía algunas veces en dirección contraria al resto. El sistema se hizo tan complicado de usar que se convirtió en un fastidio. Y aquí es donde entra Copérnico, que escribió un libro en que proponía un sistema mucho más simple y que, sobre todo, explicaba mejor lo que se había medido. A Martin Lutero en particular la propuesta no le hizo mucha gracia.

No lo he comentado, pero una de las razones principales para oponerse a la idea de que es la Tierra la que gira alrededor del Sol, además del sentido común, es que la Biblia dice explícitamente lo contrario. Copérnico no llegó a ver su obra publicada, porque el libro salió el mismo día en que murió. Su texto venía precedido de un prólogo del editor –un pastor luterano– en el que se disculpaba por publicar algo tan herético, presentándolo como una manera más fácil de hacer las cuentas, y no como algo que explicara el mundo real. Pero al final todo el mundo empezó a aceptar que aquello tenía más sentido que el geocentrismo.

La teoría de Aristarco acabó triunfando gracias al buen hacer de Copérnico (que, por cierto, era médico, no físico), y a pesar de que quedaban flecos. Cada vez había más predicciones que no se correspondían con lo observado. Por poco, a veces, pero no se correspondían. Faltaba algo.

Tuvo que llegar Kepler para que todo encajara, proponiendo algo aún más rompedor (a mi juicio) que lo que había escrito Copérnico. Utilizando las observaciones de Tycho Brahe, Johannes Kepler demostró que todo se explicaba mucho mejor si las órbitas de los planetas eran elípticas, en vez de circulares. Esto era revolucionario, y tan contrario al sentido común como que la Tierra gira alrededor del Sol. ¿Por qué iban a seguir los planetas una trayectoria tan fea, pudiendo moverse en círculos, que como todo el mundo sabe son perfectos?

Hubo que esperar a Newton, que propuso una teoría mucho más completa y que iba directa a explicar las causas del movimiento, para convencer a todo el mundo de que esa órbita tenía que ser efectivamente elíptica, y no circular. En esa órbita el Sol está en uno de los dos focos, no en el centro de la elipse. Como curiosidad, el otro foco se mueve muy lentamente alrededor del primero (da una vuelta unos 34 millones de años). Es lo que se conoce como *movimiento de precesión del perihelio.*

Y luego llegó Einstein a dar una explicación mucho más precisa y elegante de todo sin más que empezar por una cosa muy sencilla pero profundamente anti-intuitiva: que la velocidad de la luz en el vacío es constante. Una genialidad, a la que volveré al final del capítulo para no dejar cabos sueltos.

El conocimiento científico

MUCHOS escépticos utilizan estos casos, así como el del flogisto (esa es otra buena historia), o el del éter (también da para un capítulo) para argumentar que la ciencia no es un sistema cerrado, y que unas teorías más precisas reemplazan a otras. Y tienen razón: todo conocimiento científico es provisional. En lo que se equivocan es en cuestionar el conocimiento que tenemos hoy sobre el clima sin aportar pruebas suficientes.

La ciencia que hay detrás de la dinámica de los fluidos se lleva estudiando desde el siglo diecisiete, y el papel de los gases de efecto invernadero desde el diecinueve. Hace ya más de cien años que sabemos que la variabilidad climática natural está regida por la actividad solar y volcánica y por los cambios orbitales del planeta, y ya a mediados de los setenta nos dimos cuenta de que había otros factores importantes en el clima que son antrópicos, como los aerosoles y los cambios en los usos del suelo.

Todo esto está medido y cuantificado desde hace tiempo. Sabemos, por ejemplo, que la radiación que nos llega del Sol fluctúa, y que no ha habido cambios notables desde el año 1900 si los comparamos con los habidos en los últimos nueve milenios. La actividad solar se ha incrementado un poco, pero no de manera escandalosa, y desde luego no lo suficiente como para poder achacarle la subida de la temperatura media del planeta.

Nuestra sociedad ya no quema a nadie en la hoguera, ni le condena al ostracismo por proponer ideas locas. Lo más que le puede pasar a quien se atreva a cuestionar en público la ortodoxia es una tarde movida en twitter. Y esto, que en conjunto está muy bien, conduce por otro lado a la barra libre en teorías científicas disparatadas.

Un problema añadido es la costumbre social de hablar de lo que no se sabe solo porque alguien se ha esforzado en presentarlo en un lenguaje accesible. Casi nadie se atreve a cuestionar el diagnóstico de un médico recién licenciado de que lo que usted tiene es «fibromicromialgia lateral anecoica» (aunque eso no tenga ningún sentido) pero mucha gente parece sentirse capacitada para decirle a un climatólogo que lleva veinte años estudiando el cambio en la temperatura planetaria que este no es debido a los gases de efecto invernadero, sino a otra cosa que ha leído en internet. Y en otra cosa se pueden incluir tonterías que van desde la wifi, las estelas de los aviones, o la electricidad estática.

Esforzarse en ser didáctico tiene ese problema. Dudo que esa gente se atreviera a comentar algo si el científico hubiera dicho que ha detectado una «reducción en la divergencia del flujo actínico del albedo en el planeta clase M de nuestro sistema solar».

El tipo de escepticismo que forma parte del núcleo de la ciencia es diferente del que practican los llamados escépticos del cambio climático. El término ya está asentado, y es difícil de cambiar, pero sería mejor buscar otra palabra que no sea sinónima de una cualidad esencial para hacer buena ciencia.

LAS DUDAS SOBRE EL CAMBIO CLIMÁTICO

PARA preparar este libro dedique un rato a explorar los lugares comunes de las redes sociales, como twitter, entrando a veces a discutir con alguna persona para intentar comprender sus motivaciones y saber qué fuentes de información o procesos mentales les han podido llevar a sostener sus ideas.

Aprendí varias cosas: una es que los motivos por los que la gente hace afirmaciones pueden tener poco que ver con lo que piensan en realidad (hay muchos casos de negar el problema simplemente para mantener una supuesta «coherencia ideológica»), y que estos espacios no son adecuados para la reflexión matizada y profunda, aunque sí para dar a conocer el trabajo que se lleva a cabo en el mundo académico.

Otra cosa que aprendí es que parece haber cuatro tipos de escépticos del cambio climático. Los primeros son los que cuestionan cualquier cosa porque todo es una conspiración. Estos mantienen muy serios que nos están fumigando desde aviones, que los astronautas no pisaron la Luna, que la Tierra es plana o que el gobierno controla nuestras mentes con rayos láser o con un chip que nos introducen en el cuerpo con las vacunas obligatorias. También les hay que dicen que los pájaros no existen, que son máquinas espías diseñados para vigilarnos.

No merece la pena hacerles mucho caso. Ahora les ha dado por el cambio climático como les podía haber dado por el pop, la Coca-Cola, o el neoclásico. Indagando sobre este tema he encontrado, para mi sorpresa, que hay decenas de estudios sobre los que tienen una opinión fuertemente negativa sobre el tema, y que estos demuestran que por más información que se les aporte no les va a convencer de nada, sino más bien al contrario. Al parecer, se trata de un asunto que define su pertenencia a un grupo, que forma parte de su identificación individual y social, y que responde a impulsos primarios muy poderosos.

Se trata de creencias, en el fondo. Por tanto, he renunciado a un ingenuo primer impulso inicial de intentar convencer a todo el mundo, y me he limitado a exponer lo que sabemos los científicos sobre cómo funciona el clima y su cambio climático para personas que tengan interés en aprender algo nuevo sobre el tema. Este desdén puede sonar arrogante en una sociedad que ha entronizado la idea de que todas las opiniones valen lo mismo, pero al final me he convencido de que es inútil perder el tiempo justificando el quehacer científico a gente que, por ejemplo, piensa que la Tierra es plana, que las vacunas contienen unos chips a través de los cuales Bill Gates nos controla a través del 5G, o que el cambio climático es una conspiración de científicos a sueldo de George Soros. Con alguien que ha dejado entrar tales pensamientos en su cabeza lo único que se puede hacer es decirle lo más amablemente que se pueda que vive en un pozo de ignorancia, y que si desea salir de él aquí tiene una cuerda para empezar a trepar por sí mismo.

Un segundo tipo de escéptico es el que tiene serios prejuicios, generalmente de tipo ideológico. Lamentablemente, el tema del clima, como el de la sostenibilidad, o el feminismo, se encuentra políticamente polarizado. Esto lleva a que muchos rechacen de plano cualquier argumento que se oponga a sus principios e ideales. Ocurre con el rechazo a la energía nuclear, en un lado; o al otro con las renovables y todo lo que tenga que ver con gente cogiéndose de las manos y cantando felices al sol naciente.

Creo que este escéptico ideológico tiene los días contados, porque el cambio climático va a empezar a ser tan notorio que va a ser difícil no aceptarlo como un hecho. Pasará como con los epiciclos que comentaba antes. Habrá que empezar a poner tantas excusas para sostener que el clima no está cambiando, y utilizar argumentos tan barrocos, que llegará el día en que sea más sencillo aceptar tranquilamente que uno estaba equivocado. Es aceptado que rectificar es de sabios, así que es de esperar que no haya mucha resistencia.

Dentro de esta clase de escéptico se puede encontrar también al personaje público que tiene su mercado o su línea editorial, y que mantiene su oposición al tema ambiental y climático simplemente porque es lo que esperan los que le siguen, o los que le pagan. Pero estos también se acabarán cayendo del caballo tarde o temprano, cuando oponerse a algo tan claro les haga parecer estúpidos y dignos de poca confianza. ¿Quién iba a comprar una opinión sobre política o economía de un tipo que cuando habla de física dice que la Tierra es plana? Nadie.

Luego están aquellos a los que les gusta cuestionar todo por sistema. En México y en otros lugares les llaman «los contras». Son gente que con más o menos humor, o con más o menos argumentos, llevan la contraria por el gusto de discutir. A muchas personas les parecen irritantes, pero a mí me da la impresión de que la mayor parte de las veces los que llevan siempre la contraria lo hacen para aclararse a sí mismos alguna idea, o para hacer de abogados del diablo y buscar contradicciones en un discurso ajeno que al final, si no ven fallos, acaban asumiendo.

Un cuarto tipo de escéptico es el honesto. Se trata de gente que no ha tenido contacto directo con la investigación en clima, que recibe la información científica solo a través de medios de comunicación de masas y de internet, y que no sabe muy bien si creerse lo que le cuentan, porque –con muy buen criterio– está acostumbrado a desconfiar de todo lo que quieren vender. Ha oído algo sobre las variaciones orbitales, los volcanes y el ciclo solar, pero no ha entrado en los detalles y desconoce por ejemplo que esos factores naturales ya los tenemos en cuenta los que nos dedicamos a esto. Sabemos, por ejemplo, que la actividad volcánica de los últimos 120 años no tiene nada de particular. Sus efectos sobre el clima en este periodo han venido siendo los mismos que desde hace 2500 años. En esta cuarta categoría se encuentra también gente extremadamente inteligente de campos que no están relacionados con el clima.

Según iba escribiendo y compartiendo algunas páginas con amigos y conocidos de fuera del círculo de la ciencia –

en su mayoría personas del mundo de las humanidades, de carreras técnicas y aplicadas, o del ámbito del derecho y la gestión– me fui dando cuenta de algo que quizá ya intuía, pero de lo que nunca había sido plenamente consciente: que incluso entre gente instruida hay cierta resistencia a aceptar las conclusiones científicas sobre el cambio climático, y que para vencer esas prevenciones hacen falta el esfuerzo adicional de explicar también qué es la ciencia y cómo funciona.

Y es que hay personas que no han tenido ocasión de profundizar en la ciencia detrás del clima, pero por su experiencia saben que el mundo natural es muy complicado. Pueden aceptar que el planeta se está calentando, pero a veces dudan de que las medidas que se proponen desde ciertos sectores –ecologistas, ONGs, etc.– sean las más adecuadas. Saben que la economía es algo muy complejo, aprecian una cierta dosis de intereses propios en el otro lado, y saben que el sistema económico que tenemos ha propiciado la mayor tasa de bienestar nunca lograda en la historia de la humanidad. Algunos incluso saben que los modelos matemáticos tienen muchas limitaciones, y por tanto desconfían de análisis estadísticos simples, generalmente realizados por gente bienintencionada, pero sin la suficiente experiencia o capacidad. La imagen que se da a veces por parte de algunos activistas fanáticos tampoco contribuye a convencerles.

Este tipo de escéptico tiene parte de razón en que hay que establecer un equilibrio entre el problema y la solución, y en que hay que analizar costes y beneficios. Como veremos en el capítulo siguiente, las opciones que tenemos suponen un cambio notable en nuestra manera de organizar la sociedad humana, y es legítimo preguntarse si tanto esfuerzo está justificado, o si estamos ante un ejemplo más de histeria colectiva o de intereses espurios o alucinados.

Un caso aparte que no quiero dejar de mencionar son los científicos serios a los que algunos tachan de escépticos pero que no lo son. La razón de que suceda así es que es cierto que a veces se explican mal, sin los suficientes matices. Pero en otros casos sucede simplemente por mala fe o antipatía de rivales o enemigos. Sucede también a veces que se sacan de contexto afirmaciones de científicos respetados en lo suyo[19], a los que se les atribuyen declaraciones que en su literal no son verdaderas y que de hecho ellos matizan notablemente cuando tienen la ocasión de expresarse sin limitaciones.

El escepticismo honesto en el tema del cambio climático es perfectamente comprensible. Después de todo, la ciencia tiene una componente de confianza mutua, un valor que cada vez cotiza menos en una sociedad que recibe continuamente noticias contradictorias, paparruchas y mentiras interesadas.

Los científicos confiamos en que lo que reportan los demás investigadores es tal y como lo cuentan, que no nos mienten ni amañan los experimentos, y que no fabrican pruebas. En ocasiones, esto no sucede así, y hay casos famosos de científicos que ya sea por presión o por pura vanidad se inventaron resultados. Pero gracias al método científico y a la necesidad de validar de manera independiente las conclusiones que se obtienen, la ciencia se acaba corrigiendo a sí misma.

Alguien puede engañar alguna vez a la comunidad científica en algún aspecto, pero es improbable que lo haga de manera continuada y más aún que se salga con la suya durante mucho tiempo. Y es casi imposible que la mentira sobreviva al mentiroso.

Si el escéptico honesto es capaz de conceder este análisis, y ha sido capaz de llegar hasta aquí convencido de que las pruebas que he presentado en el capítulo anterior no son inventos de unos científicos que solo buscan subvenciones o apuntalar su ego, sino un recuento honesto de lo que sabemos, entonces estoy seguro de que el resto del libro le hará ser un poco más escéptico con su propio escepticismo.

Cerrando el círculo:
la relatividad de Einstein

Antes de finalizar este capítulo, quiero regresar brevemente al tema de la relatividad para cerrar el fleco del asunto de las órbitas planetarias y explicar un poco más en qué consistió la contribución radical de Einstein respecto al trabajo de Newton. El lector que no pueda esperar a saber qué va a pasar con el clima puede pasar directamente al siguiente capítulo.

La teoría «especial» (se llama así) de la relatividad (1905) surge de dos postulados muy simples: que las leyes de la física deben ser iguales en todos los marcos inerciales de referencia, y que la velocidad de la luz en el vacío es constante. (Un marco de referencia inercial es aquel en el que se observa que un objeto no tiene aceleración cuando no actúan fuerzas sobre él).

La teoría «general» de la relatividad (1915) da un paso más, y dice que ningún experimento puede determinar si estamos ante un marco inercial o no inercial (es decir, que todas las leyes físicas tienen la misma forma para observadores en cualquier marco de referencia), y que un campo gravitatorio es equivalente a un marco de referencia acelerado en ausencia de efectos gravitatorios (principio de equivalencia). A partir de aquí se deduce que el tiempo depende de la gravedad: efectivamente, un reloj en la superficie de la Tierra va más lento que a bordo de un satélite GPS, y si no se corrigiera la diferencia no podríamos tener coches que se conducen solos.

De la relatividad general también se deduce que el espacio-tiempo se ve curvado por la masa de los cuerpos. Es decir, en cierta manera se puede decir que la fuerza gravitatoria en realidad no existe: el campo gravitatorio es un efecto geométrico de las masas que curvan el espacio tiempo. Los cuerpos en caída libre lo que hacen es seguir una geodésica.

Para entender esto en detalle no es suficiente este apunte, pero quería señalarlo por completitud, y para no dejar de apuntar que la relatividad general es una de las teorías físicas más bellas que existen. Cualquier libro de física de primer curso universitario contiene una descripción de la relatividad con una profundidad suficiente para entenderla bien. El titulado *Física para científicos e ingenieros* de Serway y Jewett, que es el que utilizo en mis clases, es una referencia muy recomendable al respecto. Mi libro *La física de la naturaleza*, también.

¿Por qué decía antes que el comportamiento de la luz que describe la relatividad especial es anti-intuitivo? ¿Por qué creo que fue una genialidad proponer algo así? Mi perplejidad viene de que en la vida corriente no observamos que los objetos vayan siempre a la misma velocidad independientemente de la velocidad a la que nosotros viajemos. Voy a poner un ejemplo. Supongamos que estoy en un parque, al que tomaré como un marco de referencia fijo, e ignoremos el movimiento de la Tierra[20]. Si estoy corriendo por el césped y lanzo una pelota hacia mi perro, no espero que la pelota viaje solo a la velocidad a la que la lanzo, sino que la velocidad a la que corro *se sume* a la velocidad que le proporciono a la pelota. De la misma manera, si estoy parado y lanzo a 40 km/h, espero que la pelota vaya a 40 km/h. Y si voy en bicicleta a 30 km/h, y lanzo la pelota otra vez a 40 km/h, alguien que esté quieto en el césped tendría que medir que la pelota va a 70 km/h.

Hasta aquí es lo que uno esperaría (y lo que medimos en la vida corriente). Pero resulta que con la luz es diferente. Si estoy parado en el césped y enciendo la luz de la bicicleta, la luz viaja a unos 300.000 km/s. Hasta aquí, todo normal. Pero si me muevo a 30 km/h, la luz seguirá viajando a 300.000 km/s, y no a 300.000 km/s más 30 km/h, como ocurría con la pelota. De hecho, si viajo en una hipotética nave espacial a 200.000 km/s y enciendo la linterna, la luz seguirá viajando a 300.000 km/s, y no a 500.000 km/s, como cabría esperar.

¿No resulta esto extraño? Este, comportamiento de la luz, que va en contra de lo que esperaríamos según nuestra experiencia, tiene consecuencias muy importantes. A partir de esa hipótesis de Einstein —comprobada ya cientos de veces y de diversas maneras— se deduce que la máxima velocidad alcanzable en el universo es la velocidad de la luz[21]; que el tiempo y el espacio se contraen y se estiran; que no hay un espacio ni un tiempo absolutos; y que la luz se comba cuando pasa cerca de un cuerpo, entre otras muchas consecuencias a cada cual más fascinante.

La corrección de Einstein a Newton en su relatividad general corrige un pequeño detalle de la teoría de la gravitación universal de este último. En ella, se supone que la atracción entre dos cuerpos (que es proporcional a sus masas e inversamente proporcional al cuadrado de su distancia) sucede de manera instantánea. Pero esto no puede ser así si la máxima velocidad alcanzable en el universo es la de la luz. La idea de Einstein en su relatividad general es que las masas, lo que hacen en realidad es curvar el espacio-tiempo, y que esto es lo que define la trayectoria de los cuerpos que están a su alrededor. Esto incluye por supuesto a los planetas que giran alrededor del Sol: el Sol curva el espacio-tiempo alrededor, y la Tierra no hace más que seguir la distancia más corta entre dos puntos.

Se cierra así el círculo que comenzó cuando Aristarco propuso que es la Tierra la que gira alrededor del Sol. Tras cientos de años de mantener el error de que era, al contrario, Copérnico nos hizo ver que las observaciones demostraban más allá de toda duda razonable que así era. Kepler afinó la explicación descubriendo que la órbita era ligeramente elíptica. Pero faltaba la teoría del por qué. Esa nos la ofreció Newton, que dio con la causa de esa órbita elíptica y explicó con su teoría de la gravitación universal el movimiento de todo el sistema solar. Solo quedaba explicar el qué: qué es exactamente la gravedad y por qué aparece. Y así llegó Einstein para refinar aún más nuestra visión del mundo y decirnos que no es nada más que una consecuencia de la deformación del espacio-tiempo por la masa de los cuerpos[22].

La huella de la relatividad en el mundo no se limita a aspectos cosmológicos, astronómicos o a viajes espaciales imaginarios. Los sistemas de posicionamiento global como el GPS tienen que ajustarse para tener en cuenta las predicciones de la relatividad especial, o no funcionan. Pero hay más ejemplos, y más cercanos. De hecho, tres de mis predicciones preferidas de la relatividad especial son estas: la contracción del espacio que predice la teoría de Einstein explica el color del oro (que según la teoría clásica debería ser parecido al de la plata), y también que el mercurio sea líquido a temperatura ambiente, lo cual es una anomalía dentro de los metales.

La relatividad también explica que tengamos baterías de plomo y no de estaño, un metal que debería tener propiedades similares al anterior si no fuera precisamente por un efecto relativista de contracción del espacio. El mero hecho de que exista una disciplina llamada «química cuántica relativista» da idea que hasta dónde llega el legado de Einstein y cuál es la profundidad de la física actual, incluyendo la que está detrás del estudio del clima.

5
LOS MODELOS DE CLIMA

E L interés principal de los científicos que estudiamos el
calentamiento global en la Tierra es entender cómo funciona el clima. Queremos predecir, evidentemente, pero para
eso antes hay que saber cómo funciona el sistema objeto de
estudio, lo cual también es un valor deseable en sí mismo.
Ese es el paso previo a construir un modelo.

Sin ese conocimiento, sin entender la mecánica de los
procesos de la atmósfera, del océano y de la superficie del
planeta, la predicción quizá funcione, pero nunca estarc-
mos seguros de si lo hace por las razones correctas o por un
cúmulo de errores que se compensan unos a otros. Además,
si nuestra predicción se basa en seguir la serie de lo que ha
pasado antes, puede suceder que hagamos predicciones bastante precisas durante un tiempo, pero si las condiciones
cambian, y ya no podemos fiarnos de que las cosas vayan a
seguir como siempre, esa predicción dejará de servirnos. Es

lo que puede suceder con los modelos de clima basados en inteligencia artificial.

Para prever adecuadamente y estar seguros de que la predicción es fiable (que es a lo que llamamos «reducir la incertidumbre de la predicción») lo primero es proporcionar una explicación basada en la física a la pregunta de cuál es el funcionamiento del clima.

Procesos e interacciones

Una dificultad central de simular el clima de toda la Tierra es que intervienen muchos elementos. Y las diferentes partes del sistema planetario se relacionan entre sí de maneras que no siempre son intuitivas. Así, por ejemplo, se sabe que la vegetación afecta a la cantidad de lluvia. Más árboles de hoja caduca producen más evaporación, que a su vez genera más nubosidad que al final puede caer como precipitación, aunque quizá no exactamente sobre el lugar en el que estaba el verde. Si no llueve sobre los bosques y hace calor, los árboles no evaporan, porque lo hacen para deshacerse del exceso de agua. Por otro lado, se ha observado que las plantas evolucionan para responder a la aridez reduciendo entre otras cosas no solo el tamaño, forma, tipo, número y material de las hojas, sino incluso el tamaño de los pequeños poros de las hojas a través de los que respiran, los estomas.

Este tipo de mecanismos de retroalimentación entre diferentes reinos del mundo físico (la atmósfera, la biosfera, la hidrosfera, la criosfera) hace que los modelos tengan que ser muy complejos, aunque solo se quieran incluir los fenómenos más importantes. Si además se quiere detalle y precisión, la tarea es formidable.

Una de las mayores complicaciones para modelar el clima son las nubes. Las nubes altas, los cirros, están formadas por cristales de hielo que reflejan la radiación solar[23]. Si el calentamiento global produce más cirros, estos podrían bajar la temperatura, pero si genera menos, eso podría exacerbar el calentamiento. De hecho, hay una famosa hipótesis (ya casi abandonada) llamada «hipótesis Gaia», o del «iris planetario» que afirma que la Tierra se autorregula mediante un mecanismo tipo termostato, parecido al descrito[24].

Otra dificultad con las nubes es que la altura máxima de otro tipo de nubes, los nimboestratos, que son las que producen algunas de las mayores precipitaciones, depende de la altura de la troposfera (que por cierto es variable tanto en latitud como en función de la temperatura del aire que hay en la baja atmósfera). De esa altura del techo de los nimboestratos, y de la composición de las propias nubes, depende luego la lluvia en superficie, pero también lo hace de la cantidad de energía emitida por el suelo o por la superficie del mar que no se escapa al espacio. Todos sabemos que las noches de invierno en las que hay nubes son menos frías que las despejadas: las nubes actúan como una especie de manta. Pero el que haya más o menos nubes depende de la temperatura a diferentes alturas, de la cantidad de vapor de agua disponible, y del número de partículas muy pequeñas a las que pueda pegarse ese vapor de agua para formar gotas de nube y después gotas de lluvia (o cristales de hielo y luego copos de nieve, si la temperatura es suficientemente baja).

El tiempo que tardan en desarrollarse los procesos de la física de la Tierra añade nuevas dificultades a los modelos. No todo sucede a la misma velocidad ni al mismo tiempo. Hay mecanismos bien conocidos, como el crecimiento de las montañas, que ocurren de manera muy lenta, durante siglos, y que afectan enormemente al clima. Ahí está el caso de la cordillera del Himalaya, formada por el empuje de la placa de la India sobre el resto de Asia, y que domina el clima de la región.

El caso de la cordillera cantábrica en España es otro ejemplo, aunque a mucha menor escala: toda la «cornisa norte» disfruta de lluvia y humedad, y por lo tanto de un paisaje verde, gracias a que el aire que choca con las montañas se ve forzado a elevarse, condensándose el agua y produciendo precipitaciones. Si no fuera por eso, los frentes atlánticos que llegan del norte acabarían penetrando en Castilla para acabar en copiosas precipitaciones en Ávila y Segovia.

El movimiento de las placas de la corteza terrestre a lo largo de millones de años es muy lento, pero domina el clima planetario durante millones de años. En la época en la que solo existía un continente, la Pangea, el clima global era muy diferente: el interior era un gran desierto, y en las zonas a sotavento de las cordilleras costeras llovían cantidades inimaginables de agua. La disposición de tierra y océano es un elemento principal del clima terrestre, pero incluso en épocas geológicamente recientes en las que los continentes tenían ya la configuración actual, operaban procesos lentos que se suman a los rápidos. Lentamente, la erosión del viento y del agua en los últimos millones de años han creado acumulaciones y sedimentos que afectan a la distribución de la vida, y de ahí, al clima.

Esto se ha visto incluso en épocas muy recientes. Los sedimentos que arrastran los grandes ríos del planeta (véase la cubierta del libro) crean deltas y estuarios en los que bulle la vida, pero esa misma vida afecta al clima a diferentes escalas y con diferentes ritmos. Las redes de relaciones son muy complejas, y solo hace unos pocos años que se están incluyendo en los modelos.

MECANISMOS CONTRA-INTUIVOS

EN algunos procesos del sistema Tierra encontramos elementos muy poco intuitivos. Poca gente puede llegar a pensar que existan plantas que necesiten de los incendios forestales para prosperar, pero el fuego es un elemento más de la ecología. La jara, un arbusto muy común en el sur de España, exuda un compuesto de olor muy agradable pero inflamable. ¿Para qué? Para favorecer la propagación del fuego producido por los rayos.

Si la planta ha completado su ciclo vital y ha producido semillas, ya ha cumplido su primer objetivo. El siguiente paso es asegurar que sus semillas germinen a la primavera siguiente. Y qué mejor manera de hacerlo que eliminando a la competencia. Las semillas de la jara están recubiertas de una sustancia durísima que las protege del fuego.

De hecho, necesitan que haya un incendio para abrirse. Cuando el incendio llega y se extiende ayudado por la sustancia pringosa que ha generado la planta, las semillas empiezan a prosperar sobre las cenizas de sus competidores. Esto es obvio que no forma parte de un plan malévolo de las jaras para adueñarse de los montes, sino que es consecuencia directa de la selección natural. Si el segregar una sustancia inflamable en su territorio para acabar con las vecinas no hubiera supuesto una ventaja evolutiva para las jaras de hace cuatro millones de años, las de hoy serían diferentes o se habrían extinguido en este tiempo.

Hay otras plantas de la sabana que van aún más lejos, y producen chispas con el rozamiento de sus tallos, y otras que se han aprovechado del fuego para mejorar sus expectativas. Así, el grueso corcho del alcornoque es un buen aislante y es ignífugo. Si hay un incendio, el resto de las especies competidoras perecerán mientras que él será capaz de rebrotar (siempre que el incendio no sea muy severo). Las piñas de los pinos explotan con el fuego, lanzando lejos los piñones y maximizando así sus posibilidades de reproducción.

El paisaje tan homogéneo de la taiga que mencionaba en el capítulo segundo tiene su origen en un proceso de sucesión ecológica por el fuego, de manera que un bosque de píceas (como el abeto) arrasado por el fuego acaba regenerándose en unos pocos siglos. Por esto tenemos inmensos bosques boreales de píceas.

Una vez más, esto no es diseño, sino pura evolución. Después de miles de años de incendios naturales las plantas que nos han llegado son las supervivientes, aquellas que tenían algún rasgo diferencial que las hacía estar mejor adaptadas y competir mejor con el resto. Así que, por sorprendente que parezca, el fuego forma parte de la dinámica de la vegetación, y no solo en el mediterráneo como a veces se piensa. Esto es solo una pequeña muestra de que el mundo natural del planeta Tierra es una caja repleta de sorpresas, algunas de las cuales es probable que aún ignoremos, y con otras que a veces atentan contra nuestro sentido común.

Incluso dentro de la física clásica hay procesos que no son intuitivos. Por ejemplo, uno podría pensar que si añado vapor de agua a una masa de aire esto la hará más pesada. Es del todo natural creer que el aire húmedo es más pesado que el seco: al fin y al cabo, le estoy añadiendo agua, que a todo el mundo le da la impresión de ser más pesada que el aire.

Pero la realidad es justo la contraria: una molécula de nitrógeno, que es lo que forma más de las tres cuartas partes del aire que respiramos, tiene una masa atómica de 28 unidades[25], mientras que una molécula de agua tiene 18. Si reemplazo una molécula de nitrógeno por una de agua, estoy restando 10 unidades. El que tenga que reemplazar la molécula de nitrógeno, y no simplemente añadir una más de agua, se debe a un principio físico establecido por Avogadro, y que dice que volúmenes iguales de gases diferentes a la misma presión y temperatura contienen el mismo número de átomos o moléculas.

Este principio se suele enunciar como una ley en el colegio o en el instituto, pero muy poca gente se pregunta por qué es así. Es otra de esas cosas que no son evidentes por sí mismas, y, de hecho, si se dedica una tarde a pensar en ello, tiene que acabar chocando. La mejor explicación que he leído al respecto la da, como no, Richard Feynman, en el libro que recoge sus clases de física (y que sigue siendo la mejor introducción a lo que es realmente esta maravillosa ciencia): *The Feynman Lectures on Physics*.

Introduciendo vapor de agua en el medio ambiente estamos haciendo que el aire sea más liviano, y que por tanto ascienda en la atmósfera. De hecho, este es el principio del ciclo del agua en la atmósfera. El mar se calienta, el agua se evapora como moléculas sueltas, al añadirse éstas al aire bajan su densidad, y por lo tanto el aire se eleva. Al subir y encontrarse con un ambiente más frío (la temperatura disminuye con la altura, como sabe cualquiera que haya subido una montaña en verano), el agua se condensa en forma de gotitas de nube.

Una curiosidad, antes de continuar: si subimos aún más, y ascendemos en la atmósfera llega un momento en que la temperatura es muy baja, pero después empieza a aumentar. Pero es un crecimiento engañoso. Aunque a mucha altura podemos medir temperaturas de más de mil grados, hay tan poco aire que si estuviéramos allí nos congelaríamos. La temperatura está relacionada con la energía cinética media de las moléculas de aire, pero el calor también lo está con la cantidad de moléculas. Y allí hay tan pocas que la suma de sus impactos sobre el cuerpo apenas transmite energía.

Poner números a procesos como este del ciclo hidrológico es a lo que nos dedicamos los que trabajamos en este campo. Para hacerlo, tomamos medidas todo lo precisas que se puede, y comprobamos que son coherentes con la manera en que pensamos que funcionan las cosas. Por cierto, que se suele comenzar el ciclo hidrológico sobre el océano porque este comprende el 70% de la superficie de la Tierra, y representa el 85% de la evaporación, pero cualquier punto inicial sería igualmente aceptable.

Nosotros expresamos los mecanismos del ciclo como ecuaciones, que no son más que una descripción condensada y comprobable de cómo creemos que unas cosas se relacionan con otras. En el fondo, las ecuaciones son una especie de taquigrafía para entendernos y no tener que llenar páginas y páginas con explicaciones.

Otra ventaja de trabajar con ecuaciones y no con discursos es que es más difícil malinterpretar lo que el otro quiere decir. Y otra adicional, y definitiva, es que puedo encadenar una ecuación tras otra utilizando las cuatro reglas aritméticas para llegar a conclusiones que serían casi imposibles de deducir simplemente charlando. En realidad, las cuatro reglas se reducen a la suma y a definir un elemento opuesto, uno inverso y otro neutro. La resta es sumar el opuesto, la multiplicación es una suma repetida, y la división es multiplicar por el inverso. Así que técnicamente todo lo que hacemos cuando encadenamos ecuaciones y decimos que una cosa es igual a otra es asegurarnos de que las sumas cuadren a ambos lados.

Esta sucesión de razonamientos elementales de la matemática es lo que da tanta potencia a la física: sabemos que cada paso tiene que ser verdad porque para pasar de una ecuación a otra solo necesitamos aceptar que dos más dos son cuatro, pero el resultado después de encadenar decenas de eslabones es algo que generalmente no hubiéramos esperado y que a menudo nos sorprende. En ocasiones asistimos al milagro de ver como lo que comienza como un mero hilo de agua, una ecuación muy simple, se va fundiendo con otras hasta convertirse en un modelo, un río caudaloso cuya complejidad no hubiéramos esperado, y en el que no distinguimos ya la traza de sus tributarios.

Algunas de estas ecuaciones son tan importantes, y han sido comprobadas tantas veces, que les damos el nombre de leyes, o principios físicos. Pues bien, utilizando tan solo nueve de estas leyes o principios, podemos explicar bastante bien cómo se mueve el aire. Estas nueve ecuaciones son las que al final nos ayudan a saber si mañana va a llover, o si dentro de 30 años Toledo tendrá el clima que tiene hoy Marrakech.

Modelizando el «Sistema Tierra»

El clima del futuro se predice con los llamados modelos de clima, o modelos del «Sistema Tierra», que es como se llaman los modelos de clima más complejos, aquellos que incluyen no solo la atmósfera, los océanos y la parte de la tierra cubierta de hielo y nieve (la criosfera), sino también los ciclos geológicos y la biosfera.

Estos modelos son uno de los instrumentos fundamentales que tenemos los científicos para eso que afirmaba al principio del capítulo que era nuestro interés principal: entender cómo funciona el clima. Pero, ¿qué es un modelo del sistema Tierra, en realidad?

Los modelos de clima no son aparatos, sino programas de ordenador, es decir, software. La inmensa mayoría está escrita en lenguaje Fortran (Fortran 90), y se ejecutan en superordenadores, ya que el número de cálculos que hay que hacer es astronómico. Al final del capítulo explicaré por qué utilizamos este lenguaje.

Al resultado de los cálculos de los modelos les llamamos salidas de los modelos, o simulaciones. No son en realidad pronósticos, puesto que no nos dicen lo que va a pasar, sino que se trata más bien de futuros condicionales basados en asunciones sobre las emisiones humanas y los cambios en los usos del suelo.

¿Qué nos dicen las salidas de los modelos del sistema Tierra? A veces, cosas muy diferentes, porque para eso tenemos diferentes modelos, para explorar muchas posibilidades y reducir el error de elegir un enfoque equivocado. En lo que los modelos están de acuerdo, lo que se llama el consenso, es esto: que si seguimos emitiendo gases de efecto invernadero subirá la temperatura media de la Tierra, que las zonas que antes eran templadas serán más cálidas, que cada vez habrá menos hielo en los polos y en las montañas, que el nivel del mar seguirá subiendo progresivamente, que cada vez habrá más fenómenos extremos (más sequías y más largas, pero también más tormentas y más severas), que los ciclos del agua se alterarán, que todo esto afectará a la fauna y a la flora –que no tendrá tiempo para adaptarse a las nuevas condiciones– y que, como consecuencia de todo ello, nuestra vida tendrá que cambiar.

Los valores extremos en temperatura han sido bastante evidentes en los últimos años, especialmente en el norte de Europa. Las olas de calor han afectado a muchos países, y quizá el lector viva en un lugar en el que las máximas de los veranos ahora son más altas que cuando era niño. Estas olas de calor, y las noches de bochorno, serán cada vez más frecuentes si no reducimos las emisiones de gases de efecto invernadero y de aerosoles, porque estas emisiones se acoplan con otros procesos, como los de cambio en los usos del suelo, y se suman, además, a procesos naturales.

Por otro lado, las olas de frío también han variado. En Castilla, por ejemplo, los inviernos ya no son tan crudos como solían. Duran menos, y cada vez ocurren menos heladas fuertes. Antes, en el norte de Madrid era habitual que se congelaran las cañerías de las casas de vacaciones de la sierra. Hoy es algo cada vez más raro. En el futuro, lo será aún más.

Todo esto, combinado, puede alterar notablemente nuestra forma de vida. Es importante darse cuenta de que incluso si no supiéramos con certeza la dirección de los cambios, de lo que sí que estamos seguros es de que el clima cambiará, y que lo hará por mucho tiempo, quizá por varias generaciones. Y cualquier cambio es un trastorno para nuestra sociedad, que se ha ido construyendo con poca elasticidad a los cambios ambientales. Es cierto que nos adaptamos rápido, pero ni los cultivos ni la flora y la fauna podrán hacerlo.

El ordenador como laboratorio

Los modelos han sido criticados desde siempre, y algunas veces con dureza. Creo que casi todos los reparos que se les ponen son injustificados. Los modelos son la única manera que tenemos de demostrar que sabemos cómo funciona el clima. Son el laboratorio del climatólogo, el medio que tiene de comprobar si sus hipótesis sobre el comportamiento de la atmósfera o del océano se corresponden con el mundo real. En teoría funciona cualquier cosa, pero cuando uno pone sus ecuaciones en un módulo, lo introduce en un modelo, y lo echa a andar para simular 30 años de clima, es entonces cuando se da cuenta de si aquello tiene algún sentido.

Hay que reconocer que a veces las suspicacias han sido debidas a errores de la propia comunidad científica. En varias ocasiones algunos han presentado resultados a medio cocer, o procedentes de modelos deficientes. La simplificación de los procesos es necesaria para entender la física subyacente, y da lugar a avances, pero casa mal con la complejidad del mundo real, y se corre el peligro de convertir una propuesta científica poco trabajada en una caricatura risible para aquellos que conocen bien las miríadas de relaciones terriblemente intrincadas que se establecen en la naturaleza.

Otras veces ha ocurrido que se les ha dado mucho bombo a unas predicciones que luego se han comprobado falsas, o que son directamente implausibles. Si tu modelo dice que el ciclo hidrológico va a cambiar tanto que se va a secar un gran río, y tu modelo es el único que lo dice, tal vez no es que seas un genio. Quizá, lo más probable sea que te hayas equivocado en algo, como por ejemplo tuneando tu modelo con parámetros que funcionan bien en algunos sitios y mal en otros. Es cierto que no se puede descartar que hayas descubierto algo grande, pero dado lo extraordinario de tu alegación, deberás aportar pruebas adicionales para convencer al resto de los científicos.

Así es como funciona la ciencia. Hacerlo de otra manera es atraer el descrédito al resto de nuestra comunidad. La cautela y la modestia son imprescindibles no solo para avanzar en la ciencia, sino sobre todo para tratar con un tema que tiene un impacto social tan elevado como el cambio climático. No queremos que algunas de las típicas fallas de la personalidad, como la ambición, la ignorancia o sobre todo el orgullo afecten a un tema tan importante para todos.

Por suerte, la comunidad científica cuenta con métodos correctivos para estos casos. Los artículos que presentan problemas o errores son cuestionados con rapidez por personas independientes, y generalmente los autores ni siquiera responden a la crítica, aceptando tácitamente su falta. Otras veces sí que lo hacen, empecinándose en su error, y no es raro que en el debate el lector objetivo se dé cuenta inmediatamente de quién defiende sus propios intereses personales o corporativos, y quién la búsqueda de la verdad. Pero los que trabajan pacientemente, integrando en vez de restando, construyendo en vez de destruyendo, acaban siendo reconocidos (aunque es cierto que generalmente de manera póstuma).

La climatología: una ciencia entre dos áreas de conocimiento

Parte de la suspicacia que despiertan los modelos en algunos círculos surge también de la confluencia de diferentes tradiciones intelectuales. Una componente del problema tiene que ver con el reparto del trabajo. A principios de siglo los estudios del cambio climático se pusieron de moda, y esto hizo que diferentes disciplinas empezaran a interesarse en ellos.

La climatología ha venido siendo un campo de la geografía desde hace más de dos mil años, pero nuevas ciencias como la física, dotadas de unos métodos de análisis robustos y de un enfoque más cuantitativo que cualitativo, han introducido técnicas muy potentes en las ciencias atmosféricas. Desde que el noruego Vilhelm Bjerknes, uno de los padres de la meteorología, se diera cuenta de que la predicción del tiempo era un problema físico, esta ciencia no ha parado de cosechar éxitos.

Hoy, la climatología sigue siendo un campo de estudio tradicional de la geografía física, pero también una rama de las ciencias de la atmósfera. En estos campos los lenguajes son diferentes, y en ocasiones el mismo concepto se entiende de manera distinta tanto porque los objetivos de la geografía y de la física no son los mismos, como porque la historia de esos conceptos y el uso tradicional que se les ha dado difieren. Incluso la propia definición de «clima» se ha prestado a veces a equívocos, y es por ello que todo libro que trate sobre el tema empieza dando la definición exacta que se va a utilizar.

Otro problema que se añade a la percepción de la ciencia entra en el ámbito de la sociología de la ciencia. Son los hipercríticos profesionales: gente que lo critica todo, especialmente las salidas de los modelos y sus proyecciones, o las medidas de los satélites. Esto es más común entre los climatólogos que vienen de la tradición geográfica (aunque no tanto en las nuevas generaciones), y a menudo es debido a una comprensión deficiente del ámbito y el funcionamiento del método hipotético-deductivo.

En este caso, hay una manera sencilla de saber si las críticas aportan algo a la comunidad. Si el discurso manifiesta un gran entusiasmo en la destrucción de lo que no les gusta, pero hablan de las alternativas con vaguedades, sin concretar, o simplemente no proponen nada para reemplazar lo antiguo, entonces estamos ante un posible caso de comprensión deficiente de lo que se critica, de rencor o del «mal del hada de la bella durmiente», la que lanzó su maldición por no haber sido invitada a la fiesta.

Si alguien dice que los modelos actuales no son útiles porque son demasiado simples, o porque a veces se equivocan, o por cualquier otra razón, y no propone un camino alternativo, estamos probablemente ante un caso de sentirse mal acogido en un área de trabajo que cada vez cuenta con más prestigio y proyección social.

Si, por el contrario, se critica algún enfoque concreto actual –por ejemplo, los modelos de área limitada–, pero se proponen varias maneras de superar el escollo –digamos centrarse en modelos globales más finos, o añadir nuevos factores concretos que no estaban siendo considerados en los modelos anteriores– en ese caso la crítica es constructiva y útil, y por lo tanto susceptible de servir para que el conjunto de los científicos tenga nuevas oportunidades de mejorar lo anterior.

Los modelos de clima no se basan en series estadísticas

Como ya he comentado, un error muy habitual cuando se habla de los modelos es pensar que las predicciones que hacen los modelos del tiempo y clima se basan en hacer estadísticas sobre lo que ha sucedido antes. Pero los modelos de clima actuales no funcionan así. No se trata de «adivinar el siguiente número de la serie» basándose en una secuencia de lo que ha pasado antes. La técnica de los modelos numéricos es bastante más compleja. Los modelos del clima lo que hacen es intentar representar el clima de la Tierra utilizando nada más que las leyes básicas de la física. Para hacer una predicción meteorológica solo necesitamos conocer el estado de la atmósfera en un momento dado, en el instante cero de la predicción. Las ecuaciones hacen el resto.

La diferencia entre proceder así y recurrir a funciones de autocorrelación, métodos estadísticos, o técnicas de inteligencia artificial es enorme. En estas últimas tenemos que contar con una sucesión de valores anteriores, a partir de los cuales inferimos los nuevos. El problema es que, si el proceso que ha generado esos valores cambia, la lógica de la estimación se resquebraja. Y en nuestro caso, es precisamente el cambio del clima lo que estamos intentando entender. Es por ello que los métodos que utilizamos están basados en los principios básicos de la física: en las ecuaciones del movimiento de los fluidos.

El núcleo de los modelos que simulan el clima consiste en sistemas de ecuaciones diferenciales. El nombre les viene de que las utilizamos para expresar cómo cambia la diferencia de algo cuando cambia ese algo. Esto requiere una explicación.

Las ecuaciones más sencillas, las del colegio, nos dicen cómo varía algo cuando cambia otra cosa. Por ejemplo, la ecuación que nos dice cómo de lejos llega una bola de nieve solo depende de la velocidad inicial y del ángulo con que la lance. Pero el lector astuto del primer capítulo, ese que pensaba que yo lo simplificaba todo en exceso, podría decirme que esa ecuación escolar no tiene en cuenta la resistencia del aire. Concedido, puedo ir restando ese factor a mi ecuación sin complicarla demasiado. Para hacer esto, y en una primera aproximación, solo debo tener en cuenta el volumen de la bola, que es lo que hace que se deslice con mayor o menor facilidad por el aire.

Pero entonces el lector aún más astuto me haría el siguiente argumento: sí, el frenado de la bola por la resistencia del aire depende del volumen, pero es que el volumen de una bola de nieve va cambiando según se mueve: parte de la nieve se va derritiendo, y la bola va perdiendo masa. Y como la velocidad en este caso depende de la masa, eso altera el movimiento. Y el lector tendría razón.

En este punto ya no puedo modificar mi ecuación de una forma tan sencilla como antes, simplemente restando algo. Ahora tengo que incorporar el cambio del volumen a una ecuación que ya contaba con el volumen. Y eso complica un poco la solución.

Esto ya no es algo que se pueda hacer solo con las herramientas que se aprenden en el colegio. Este tipo de ecuaciones, que no solo me dicen cómo varía una cosa con otra, sino cómo cambia esa variación cuando se modifica la cosa en sí, se llaman ecuaciones diferenciales.

Si el lector ha tenido que leer dos o tres veces la frase anterior apreciará enseguida la necesidad de utilizar ecuaciones: en cuanto el tema pasa de sumar dos y dos, el lenguaje corriente es insuficiente para progresar y deja de servir para explicar con sencillez el proceso. Y no digamos ya para hacer cuentas que nos digan dónde va a llegar exactamente la bola de nieve. Para eso hace falta emplear un lenguaje mucho más compacto, el de las matemáticas[26].

Lo de la bola de nieve no es un ejemplo inocente. Es algo que se incorpora en los modelos que predicen el tiempo. Cuando allá arriba en las nubes se forma la nieve, los cristales se agrupan en copos, y los copos se van juntando hasta formar agregados de hielo y agua. Cuando estos crecen y su peso supera al de la fuerza de la corriente de aire que asciende dentro de la nube, los agregados caen, pero según lo van haciendo, atraviesan capas de aire más cálido, y se van derritiendo; las «lagrimas» que decía cuando hablaba de lo que era ciencia y lo que no.

Este proceso se incluye en los modelos avanzados. Y, además, al modelo se les añaden nuevos detalles, como por ejemplo que las gotas al caer capturan a otras gotas más pequeñas, y que, si se vuelven demasiado grandes, se aplanan hasta tener la forma de una pequeña hamburguesa para acabar rompiéndose en gotitas muy pequeñas. Cada uno de estos detalles son unas cuantas ecuaciones de un área de trabajo científico que se llama «microfísica de nubes», y de la que hablaremos más adelante.

Los modelos de tiempo y clima de 2025 son increíblemente complejos y detallados. No es una exageración. Antes dije que bastaban nueve ecuaciones, pero eso es para modelar el movimiento a larga escala del aire, que es lo que nos da las líneas maestras del clima. Para llegar a saber cuánto va a nevar en Burgos dentro de tres días tengo que añadir numerosos detalles. Más ecuaciones diferenciales. Con cada pequeña cosa que queramos detallar tenemos que añadir más cálculos.

Hay personas que han dedicado toda una carrera a perfeccionar una pequeña parcela de los modelos. Por ejemplo, la de la microfísica, por seguir con el caso de la bola de nieve. No es una tarea sencilla, ni que se haga en poco tiempo. Para medir con precisión qué tamaño tienen los cristales de hielo en lo alto de las nubes hay que organizar campañas con aviones especiales cargados de instrumentos, y con pilotos capaces de volar en condiciones extremas. De hecho, hay que inventar instrumentos nuevos que permitan que un aparato que vuela a 900 kilómetros por hora pueda ir «viendo» el tamaño de los copos de nieve. Y hay que proponer una teoría que nos permita simular el comportamiento del hielo en función de la temperatura, la presión, o la cantidad de vapor de agua.

Todo esto son años de preparación, y este tipo de campañas dirigidas a entender algún proceso atmosférico a menudo involucran a decenas de personas y cientos de miles de euros de presupuesto[27]. Preparar una campaña científica de medida para entender algo tan específico como la ruptura de los cristales de hielo por la turbulencia costó millones de dólares, pero fue fundamental para entender por qué los radares veían una cosa desde tierra y los satélites, desde arriba, otra.

Los satélites artificiales

Los satélites han sido una ayuda fundamental para el desarrollo de los modelos. Nos sirven para comprobar si estos dan resultados sensatos, y hacer un ajuste si hay discrepancias. No es que los modelos se tuneen (en el sentido habitual de la palabra) hasta que salga lo que tiene que salir, que es como se interpreta a veces este término técnico, sino que sus medidas se emplean para desechar unas hipótesis en favor de otras igualmente sensatas.

La piedra de toque del método científico son las medidas, y si estas no se ajustan con lo esperado, hay que desechar una hipótesis y plantear otra. A esta línea de trabajo se le denomina validación de modelos.

Los satélites también tienen otro uso importante en el estudio de la atmósfera. A las ecuaciones diferenciales que se emplean para la predicción del tiempo hay que darles un valor inicial. Ese valor son observaciones del estado de la atmósfera en un momento dado, una especie de foto fija de cuál es la temperatura, la presión, el viento y la humedad. Y en esa tarea los satélites son imprescindibles, porque cubren todo el planeta y nos ofrecen datos de zonas en las que no hay instrumentos de superficie como, por ejemplo, la mayor parte de los océanos. Con sus medidas y utilizando métodos de «análisis objetivo» (también llamadas de «interpolación espacial») podemos calcular el estado más probable de la atmósfera en el momento cero de la predicción.

Esas condiciones iniciales, y la física en forma de ecuaciones, es todo lo que necesitan los modelos para predecir el tiempo. Después se puede afinar más el pronóstico recurriendo a las técnicas de «asimilación de datos», que en su versión más simple consisten en ir constriñendo la dinámica del modelo con más datos de satélite, de forma que se guíe la evolución de la atmósfera en el modelo para que sea congruente con las observaciones.

Si las ecuaciones del modelo de predicción del tiempo son capaz de predecir lo que va a pasar en las próximas horas es que capturan bien la dinámica de la atmósfera. Se puede aplicar entonces la misma lógica e intentar simular el clima, un ejercicio en el que las condiciones iniciales ya no son cruciales, y donde hay que considerar lo que se llaman forzamientos, es decir, factores que afectan al comportamiento a largo plazo de la atmósfera. Eso incluye los factores astrónomicos, pero también los humanos.

LOS MODELOS POR DENTRO

LA radiación del sol, los cambios en el eje de la Tierra, los ciclos de las órbitas, y todos los demás factores astronómicos están incluidos tanto en los modelos de tiempo como en los de clima. Dependiendo de la amplitud del ciclo con que operen estos factores son más relevantes en la evolución del clima que en la del tiempo, o viceversa. La aceleración de Coriolis, una consecuencia de la rotación terrestre, es necesaria para saber dónde va a acabar un huracán que se acaba de formar, pero no determina el clima de los próximos 30 años.

A partir de aquí es donde entra ya la acción humana. De momento, los modelos de clima no incluyen esta componente directamente, sino que lo hacen de una forma agregada y a través de una ruta que intenta sortear los mayores escollos. Algunos estamos trabajando en la vía directa, pero todavía nos quedan unos años para introducir esos elementos en el núcleo de la modelización.

Lo que se hace ahora es asumir que los gases de efecto invernadero se mezclan de una manera rápida en la atmósfera (en días o semanas, de hecho), por lo que no importa mucho dónde se emita (lo cual es una simplificación). También se simplifican bastante cuáles son las tasas de emisión, es decir, cómo varían las emisiones en el tiempo. Así, en los noventa del siglo pasado se definieron lo que se llaman «escenarios», que son hipótesis sobre la posible evolución de las emisiones atendiendo a diferentes guiones sobre la evolución de la sociedad. A los primeros se les llamó escenarios de cambio climático IS92. El símil del guion es adecuado: los escenarios vienen a ser diferentes «películas» que contamos sobre el futuro.

Acostumbramos a decir que cuando hablamos del futuro los modelos de predicción del tiempo hacen «pronósticos» o «predicciones» del tiempo que va a suceder, mientras que los de clima (ya sean los modelos globales de clima o los modelos del sistema Tierra) realizan «simulaciones» de clima. Las simulaciones implican un marco hipotético de emisiones, un «escenario» como los que manejan los militares o estrategas. Los modelos de clima no nos dicen pues lo que va a pasar en el futuro, como los del tiempo, sino lo que puede pasar en el caso de que las emisiones sean así o así. Nos dan «climas futuros condicionales». La diferencia es sutil pero necesaria para entender el ámbito y las limitaciones que presentan las simulaciones.

Los escenarios son una necesidad técnica para tratar un problema terriblemente complejo. Los humanos no somos átomos sin voluntad, ni las sociedades humanas agrupaciones inertes como las moléculas. Ni siquiera somos células, ni organismos complejos, ni animales. Tenemos voluntad y libre albedrío, y en muchas ocasiones actuamos en contra de la lógica y de nuestro propio interés. La predicción del comportamiento social es por ello extraordinariamente difícil, mucho más que la modelización del movimiento del aire, por poner un ejemplo físico.

En el año 2000, los primeros escenarios se refinaron con los llamados SRES. Estos fueron la base del tercer y cuarto informes del «panel intergubernamental para el cambio climático» (IPCC), que es la parte de Naciones Unidas encargada de evaluar la ciencia relacionada con el cambio climático, y que se creó en 1988. Los informes a los que aludía son evaluaciones que realiza de manera periódica para identificar el consenso científico sobre el cambio climático y ver en qué hace falta investigar más.

El «corpus» del cambio climático, es decir, todo lo que han publicado los científicos sobre este campo, es inabarcable. Solo el resumen más actual, es decir, los informes del IPCC, ocupan varios tomos de letra apretada. Los artículos científicos en revistas especializadas se cuentan por miles, y se doblan cada cinco años. Para dar un ejemplo, cada día se publican más de 200 artículos relevantes sobre este tema tan amplio. Eso son unas 1400 páginas a la semana.

Estar al día es uno de los trabajos de esta profesión, pero no se puede esperar que alguien que no vive de esto y que no le puede dedicar ocho horas al día al tema, lo haga. Lo que sí que puede hacer el lector entusiasta es centrarse en unas cuantas publicaciones clave, tanto las más generales –para tener una visión de conjunto–, como las que más le llamen la atención de un campo determinado, porque habrá lectores a los que les guste más el viento, o los glaciares, o las nubes.

Los informes del IPCC son la base para las negociaciones internacionales que intentan atajar el cambio climático, y en ellos los escenarios tienen un papel muy importante. En cada escenario SRES las emisiones evolucionan de manera diferente, y con ellas el clima. Los escenarios SRES-A2, por ejemplo, unos de los más usados, planteaban unos escenarios de desarrollo centrados en lo económico más que en lo ambiental en un mundo heterogéneo, poco integrado, en el que unos países tomaban medidas centradas en el desarrollo regional. Los AI eran menos optimistas y planteaban un mundo en el que los países prestaban menos atención a los aspectos ambientales (y eso resultaba en aumentos de la temperatura media del planeta que llegaban a los 6,4 grados). Luego estaban los escenarios optimistas, los B1 y B2; mucho menos usados.

¿Cómo se sabe cuál va a ser en realidad el comportamiento de las sociedades del futuro, de entre todos esos escenarios? No se sabe, al menos de momento. Por eso precisamente tenemos que recurrir a ellos. Si la humanidad va a seguir contaminando, nos dirigiremos hacia uno, y si de repente todo el mundo se da cuenta de la catástrofe hacia la que vamos, llegaremos a otro lugar. Se trata de futuros condicionales, de qué pasará si hacemos tal o cual cosa.

El modelo de clima lo que nos dice es cómo reacciona la atmósfera si tenemos esas concentraciones de gases de efecto invernadero. Si seguimos emitiendo, subirán las temperaturas y se elevará el nivel del mar. Si dejamos de hacerlo de manera sostenida (no solo unos meses como sucedió durante los confinamientos de la COVID-19) sucederá que durante un tiempo las temperaturas seguirán subiendo, pero menos, y poco a poco las aguas volverán a su cauce. La tendencia del clima actual es como un enorme camión que va a toda velocidad. Aún si frenamos de golpe, tardará un trecho en pararse.

Para encarar la tarea de representar adecuadamente el comportamiento de los gases de efecto invernadero en los modelos, a principios de siglo, en 2007, se refinó más aún el concepto de escenario, pasando a lo que se llamaron «trayectorias de concentración representativas» (RCPs en sus siglas en inglés). Mientras que los escenarios se centraban en las emisiones, los RCPs lo hicieron en la concentración, evitando así las incertidumbres que aún hoy persisten en la modelización del ciclo del carbono.

La parte socioeconómica de los modelos

Un paso adelante más, y la base del informe del IPCC para 2021, ha sido la definición de los «caminos socioeconómicos compartidos» (SSPs), que son escenarios sobre los posibles cambios socioeconómicos globales para 2100. Es decir, posibilidades realistas de marcos socioeconómicos esperables en el futuro: un cuadro impresionista de cómo pensamos que será la economía y la sociedad del futuro.

A partir de estos SSPs se derivan las emisiones de gases de efecto invernadero, y son estas las que se integran en los modelos de clima. Hay cinco trayectorias que van desde asumir que la sociedad toma la senda de la sostenibilidad (SSP1) hasta que seguimos consumiendo combustibles fósiles y nos gastamos mucho dinero en mitigar sus efectos (SSP5), pasando por hipótesis sobre rivalidades regionales (SSP3), o desigualdades (SSP4), con un escenario denominado «el camino del medio» (SSP2) que contiene alternativas y desafíos intermedios al desarrollo tanto en mitigación como en adaptación[28].

Cuando más alto el número, más emisiones y más calentamiento esperado. Lo ideal sería que la sociedad siguiera la senda SSP1, o si no el camino del medio. Cualquiera de los otros no es bueno, y el SSP5 sería un desastre que nos costaría una cantidad indecente de dinero, si es que los muertos que seguro producirá no nos preocupan los suficiente.

Como se ve, poco a poco se va pasando de darle a los modelos las emisiones como un único valor a modelizar la sociedad y que esa modelización produzca unas emisiones.

El siguiente paso en esta lógica, en el que estamos trabajando algunos grupos en la actualidad, es introducir directamente la variable del comportamiento humano en los modelos de clima, como si fuera una componente más del sistema planetario. Una parametrización más, en la jerga de los modelos.

Esta es una tarea muy compleja en la que tienen que coordinarse muchos profesionales, tales como físicos, geógrafos, sociólogos, antropólogos, economistas, biólogos, oceanógrafos, geólogos, psicólogos, politólogos o químicos. Es un proyecto intelectual ambicioso y verdaderamente multidisciplinar, puesto que ninguna de las ciencias y saberes anteriores abarca por sí misma todos los aspectos que sabemos que influyen en el clima. Mi compañero Andrés Navarro, de la Universidad de León, es una de las personas que más ha trabajado en este campo en nuestro país.

El que tengamos que contar con los saberes propios de las disciplinas sociales y las humanidades es lógico desde el momento en que hemos descubierto que el clima cambia de manera apreciable debido a la acción humana (el que la acción humana está condicionada por el clima estaba ya escrito desde hacía más de 2500 años). ¿Cómo no consultar entonces a las ciencias y saberes que tratan precisamente de avanzar en el conocimiento de la actividad humana?

En este sentido, el cambio climático es un crisol de disciplinas, un punto de encuentro en el que las contribuciones individuales de las ciencias tradicionales van a resultar vitales para desenredar las relaciones, a veces muy complejas, que hay entre los diferentes elementos de la Tierra.

Los escenarios de cambio climático se van acercando, poco a poco, hacia la «cliodinámica», la disciplina que intenta convertir a la historia en una ciencia con capacidad predictiva[29].

La cliodinámica quiere modelizar de manera matemática la evolución de las sociedades, yendo más allá de la psicología, de la sociología o de la historia de las civilizaciones en el sentido de Arnold J. Toynbee. Se pretende predecir no el detalle sino los grandes ciclos y los puntos de ruptura: las revoluciones y los cambios de paradigma. La tarea que se propone es claramente abrumadora, pero merece la pena abordarla. Al fin y al cabo, el que algo sea difícil o parezca una empresa para varias vidas no quiere decir que no tengamos que intentarlo. Al revés: ¿hay algo más satisfactorio que afrontar un reto que muchos decían que era imposible?[30]

El problema central de la cliodinámica, su núcleo, puede ser complejo, pero el objetivo de predecir los ciclos históricos tampoco parece tan imposible de tratar como algunos creen. Muchos de los rasgos básicos del comportamiento humano son predecibles, empezando por uno fundamental: si un espacio geográfico no es capaz de sustentar a una población, esta muere, se adapta o migra. Esta ley es bastante simple y puede parecer decepcionante, pero hay que darse cuenta de que toda la complejidad del movimiento atmosférico se puede deducir de las tres leyes de la dinámica de Newton: la ley de la inercia, la ley de la variación del momento lineal, y la ley de acción-reacción; a una fórmula sobre la energía; y al principio de conservación de la masa. Las ecuaciones llamadas «primitivas» de la atmósfera no son más que refinamientos derivados de manera lógica de tres juegos de ecuaciones que también se pueden considerar, desde cierta óptica, como simples y decepcionantes.

¿Por qué entonces tuvimos que esperar hasta un Newton para darnos cuenta de que el mundo en el que nos movemos funciona así? Porque algunas leyes del mundo natural no son intuitivas, una vez más. La ley de la inercia, por ejemplo. Dice que «un cuerpo que no esté sometido a fuerzas externas continúa en su estado de movimiento. Si está quieto, seguirá quieto, y si se está moviendo lo hará con velocidad constante». Esto parece obvio, pero no lo es en absoluto.

Aristóteles, legiones de físicos tras él, y me atrevo a pensar que la mayoría de la población no encontrarían ninguna pega a la idea de que para mantener un cuerpo en movimiento hay que irle aplicando una fuerza todo el rato, porque el cuerpo, según se mueve, va «gastando» cierta cantidad de movimiento que se le da al principio. Y esto, que es falso, no deja de tener sentido si nos basamos en nuestro sentido común sobre el mundo que nos rodea.

Si lanzo otra vez la pelota del capítulo cuatro hacia mi perro, puedo pensar que lo que sucede es que le proporciono una cierta fuerza, y que si la bola va perdiendo altura y haciendo una parábola es porque se le va gastando (o, dicho de otra manera, puedo creer que cae porque dejo de aplicar la fuerza en el momento en que la pelota se separa de mi mano). De ahí puedo razonar que si le aplicara la misma fuerza todo el rato la pelota seguiría recta; es decir, que para que siga recta tengo que irle aplicando una fuerza. Eso es lo que nos dice la intuición, pero ahí es donde nos equivocaríamos como se equivocó Aristóteles.

En realidad, si no actuaran otras fuerzas (en este caso la gravedad y el rozamiento del aire), la pelota seguiría recta sin necesidad de aplicarle ninguna fuerza constante adicional. Así es como viajan las naves espaciales, de hecho: la sonda Voyager 1, el artefacto que más lejos ha viajado en la historia (ahora está a más de veintidós mil millones de kilómetros de la Tierra), no cuenta con un motor que le impulse para avanzar hacia las estrellas. Todo lo que hubo que hacer cuando se lanzó 43 años atrás fue darle un buen impulso inicial y luego jugar con la gravedad de los planetas para irlo acelerando sin necesidad de gastar energía. La inercia ha hecho el resto: como en el espacio no hay (casi) rozamiento, la nave puede seguir moviéndose a 17 kilómetros por segundo sin ningún motor.

Suelo decir que todo alumno llega a la carrera con un Aristóteles dentro. No es su culpa, es el resultado de la pura intuición humana sobre el movimiento y sus causas. De ahí la genialidad de Newton, cuyas tres leyes del movimiento son tan aparentemente sencillas como profundamente contrarias al sentido común y a lo que percibimos con los sentidos. Todos los años dedico al menos una clase de la asignatura de Física a que mis estudiantes asesinen al Aristóteles que llevan dentro[31].

No hay por qué pensar que la actividad humana no siga leyes generales que se puedan matematizar. Quizá sean poco intuitivas, y estén por lo tanto esperando a su Newton, o quizá se encuentren escondidas en los pliegues de algún espacio de configuración embebido en una variedad topológica de 33 dimensiones esperando que algún algoritmo las desentrañe. No lo sabemos, aunque algunos tengamos la intuición de que al final será posible y que tendremos ecuaciones fiables para predecir el devenir de las sociedades. Hay progresos parciales que así lo indican. El enfoque holístico, la integración de cientos de procesos que interaccionan unos con otros, parece inevitable a medio plazo.

No obstante, mientras se avanza en la dirección de introducir la componente humana como una parte más de los modelos de clima, tendremos que seguir mejorando los actuales. Es sensato seguir trabajando en lo que sabemos que funciona, aunque confiemos en que en algún momento aparecerá alguien con una idea revolucionaria[32]. Así se ha hecho siempre en ciencia, y no nos ha ido mal.

¿QUÉ nos falta por mejorar en el campo de los modelos? Además de incluir de forma directa la dinámica de la actividad humana, las mayores incertidumbres de los modelos actuales son las parametrizaciones.

Ahora es el momento de explicar con más detalle este concepto que ya mencioné al hablar de la componente social. Los modelos de clima realizan el cálculo de los valores de los variables (temperatura, presión, etc.) en los puntos de intersección de una rejilla que cubre todo el planeta: los nodos.

Esta rejilla puede ser más o menos tupida. Si es poco densa, es decir, si los nodos están muy separados, el tiempo que se tarda en hacer los cálculos será breve, y esto está muy bien cuando tenemos que simular cien o doscientos años de clima. Pero al situar los nodos tan separados, estos representan un área muy extensa. Si la rejilla tiene por ejemplo 100×100 kilómetros cuadrados en la horizontal (es decir, si hay un nodo cada 100 kilómetros), podríamos tener un punto cerca de Santander, otro de Vitoria, otro de Palencia, otro de Segovia, otro de Toledo, y otro de Ciudad Real, es decir, nodos coincidiendo con las intersecciones de una malla que cubra el espacio cada 100 kilómetros. El modelo hará los cálculos solo en esos nodos, asumiendo que los valores que tenemos en esas ciudades van a ser los mismos que los que hay en 50 kilómetros a su redonda.

De hecho, todo elemento geográfico que tenga menos de 100 kilómetros no estará representado con detalle en el modelo. El Sistema Central, por ejemplo, será invisible, o si aparece (porque se le obliga poniendo un nodo en medio de las montañas) llevará a que Segovia y Toledo tengan valores poco representativos de sus alrededores, porque la temperatura que tengamos en una hipotética Peñalara de 1000 metros (que sería la altura media que tendría ese nodo) va a tener poco que ver con la de Toledo.

El lector ya se habrá dado cuenta de que una solución sería hacer la malla del modelo más tupida. Podríamos hacerla de 50 o de 25 km de lado. Correcto. Así es. De esa forma, podremos distinguir bastante bien los alrededores de Segovia del Sistema Central, que ahora tendría uno o dos nodos, y de Toledo, que tendría los suyos. El problema es que eso obliga a hacer muchas más operaciones, cientos para cada nodo, ralentizando el cálculo global. «Pero eso es un problema tecnológico, no científico» argumentará el lector. «Utiliza un superordenador más grande, o espera más, y tendrás tu simulación» —me dirá—. Cierto, también, pero es que hay un problema que no había comentado, y es que no podemos seguir acercando los nodos todo lo que quiera.

Si quiero distinguir cumulonimbos individuales en mi modelo tengo que añadir nodos de manera que cada uno esté a cien metros del otro, y eso hace que la potencia de cálculo necesaria se convierta ya en fabulosa. Un límite razonable, a partir del cual tendríamos resultados muy fiables, es un kilómetro para todo el planeta. Pero eso implica una potencia de cálculo que sigue siendo enorme y al alcance de muy pocos centros de computación. Los hay que han logrado realizar simulaciones globales a un kilómetro de resolución para unos pocos meses, pero el larguísimo tiempo necesario para completarlas no ayuda a que se puedan hacer «conjuntos de simulaciones» (lo que se conoce como *ensembles*). Y estos ensembles son extremadamente útiles para calibrar la incertidumbre de las estimaciones. Sin ellos, no es sencillo saber cómo de robustas son las estimaciones.

Además, la cosa no queda ahí. El kilómetro no siempre es suficiente. Para poder describir de manera precisa –físicamente precisa, es decir, a partir de principios físicos fundamentales– lo que ocurre en el interior del cumulonimbo tendría que irme a mallas ya no de cien metros, sino del orden de centímetros, milímetros, o incluso de décimas de milímetro.

La turbulencia, los remolinos que hay en la nube, solo se pueden describir con exactitud a esas escalas, y lo mismo con los procesos que hacen que el vapor de agua se condense sobre los aerosoles para dar gotas de nube y después nieve o granizo. Si la necesidad de cálculo a mil metros de distancia de nodo es fabulosa, a escala de milímetros es ya astronómica. Ni tenemos ahora ni tendremos en muchos años los ordenadores necesarios para hacer esas cuentas.

Es por ello que recurrimos a las parametrizaciones. Lo que hacemos con ellas es llevar a cabo las cuentas básicas, las que no necesitan mucho detalle, a escala de decenas de kilómetros, y hacer cálculos simplificados para todo lo que pasa a escalas más pequeñas.

En la jerga decimos que los procesos que hay a estas escalas más pequeñas «no se pueden resolver por el modelo», y que por tanto «se parametrizan». Son simplificaciones, como tantas otras cosas en física, pero las simplificaciones que hacemos en las parametrizaciones son del tipo siguiente: en vez de seguir la dinámica de la enorme cantidad de gotas de lluvia que hay en una nube, las agrupamos por tamaños y seguimos la evolución de esa agrupación.

Se entenderá mejor con un ejemplo. Si tenemos cien mil gotas pequeñas, un millón medianas, cien mil grandes, y mil muy grandes, podemos analizar qué pasa con el número total de gotas y con ese reparto en cuatro «cajas» (con esa distribución, que es el nombre técnico) cuando aumenta la temperatura, cuando hay más turbulencia, o simplemente cuando pasa el tiempo y las gotas empiezan a caer. Lo que veremos es que cambiará el número de gotas en cada una de las cajas. El sentido en el que lo haga, el cómo se transforme la distribución, será el resultado de un montón de procesos físicos que no puedo «resolver» en detalle.

No puedo ir siguiendo la trayectoria vital de cada una de los millones de gotitas que componen una nube, y menos hacer eso en todo el planeta a la vez. Lo que hago es un cálculo «a bulto», pero es lo único que puedo hacer y además funciona bastante bien. Es lógico que lo haga: la precipitación que vamos a tener al final del tiempo que estemos considerando va a ser la suma de todas las gotas, y para ello me da igual irlas contado una a una o sumar la proporción que hay de cada tamaño multiplicada por el número total de gotas. Si mirando tan solo la distribución he capturado bien la dinámica de las gotas individuales, y sé cuántas se crean y cuántas se destruyen, entonces la parametrización física que he diseñado será una buena aproximación a la realidad.

Una vez más, hay que aclarar que esta simplificación no se realiza utilizando métodos estadísticos, ni observaciones anteriores, sino razonando paso a paso a partir de principios físicos elementales. ¿Un ejemplo? El proceso por el cual la distribución de gotas cambia por la acción de la gravedad, uno de los más sencillos.

Esto se hace así: se supone que las gotas son esféricas, que las más grandes caen a mayor velocidad, y que cuando una gota grande se topa con una pequeña esta no rebota, sino que se funde con la anterior. Una vez fijadas estas condiciones se analiza qué pasaría si tuviéramos muchas gotas con diferentes tamaños interaccionando entre sí. La dinámica, lo que pase, va a depender de si al principio tengo muchas gotas pequeñas y pocas grandes, o si tengo muchas medianas y muchas grandes. Cada punto de partida evoluciona de manera diferente. ¿Cómo hacemos esto exactamente?

Bueno, ahí es donde está la física. Esto ya está estudiado desde mediados del siglo veinte: este problema se puede modelar utilizando la ecuación de Fokker-Planck, una ecuación integro-diferencial que describe con precisión lo que le sucedería a una población de partículas en tales circunstancias. El ajuste con la realidad que salga del modelo no va a ser perfecto, porque ni las gotas son todas redondas, ni todas se fusionan (hay algunas rebotan por un proceso físico llamado tensión superficial), y además hay movimientos verticales del aire que no se pueden despreciar siempre, pero como media el resultado de este enfoque es una buena aproximación.

Hay que aclarar aquí que el cambio en la distribución de tamaños por la gravedad es solo uno de los procesos que la hacen cambiar. Hay otros adicionales debidos a los cambios de temperatura, a la cantidad de vapor de agua presente, a la presión, a la viscosidad (una especie de resistencia al movimiento relacionada con la densidad y la temperatura), al viento, a la presencia de agua en forma sólida, a la interacción de las gotas con los cristales de hielo o con las gotas de nube, y varios otros procesos a cada cual más sutil, incluyendo la radiación o el tipo y concentración de especies químicas en la nube. Pero todos ellos tienen sus ecuaciones en los modelos, ecuaciones que se han deducido a partir de física fundamental como en el ejemplo anterior. Es decir, empleando las leyes de la dinámica de Newton y poco más.

Dentro de las parametrizaciones actuales hay una que es especialmente fastidiosa, por su complejidad y por la enorme cantidad de incertidumbres que contiene. Es la que he venido apuntando antes: la que hace que los modelos tengan nubes y la que nos da la precipitación en amplias zonas del planeta. Aunque se ha avanzado mucho en su desarrollo, aún quedan muchas cosas por saber de ella, e incluso sospechamos que hay cosas que no sabemos que no sabemos, como por ejemplo los efectos de las nubes sobre todo el sistema Tierra. En el próximo capítulo hablaré un poco más de esto. Pero antes, un inciso.

UN INCISO: EL LENGUAJE DE PROGRAMACIÓN FORTRAN

EL que utilicemos Fortran en los modelos de clima suele sorprender a algunos estadísticos e ingenieros, que piensan que los físicos de la atmósfera amamos el Fortran por inercia, por romanticismo, o porque no conocemos nada mejor.

Nada más lejos de la realidad. Lo usamos porque al ser un lenguaje compilado y no interpretado, es rápido (un modelo de clima en Python, el lenguaje de moda hoy, sería lento, y por lo tanto inútil); porque está optimizado para trabajar con matrices; y porque la física se ve mucho más clara que uno escrito en, por ejemplo, C++ u otro lenguaje orientado a objetos (de hecho, se puede hacer programación orientada a objetos en Fortran). Al final, Fortran (cuyo nombre viene de *Formula Translator*, traductor de fórmulas) te da exactamente lo que te promete: es un lenguaje eficaz y sencillo que traduce de manera transparente las ecuaciones.

Tenemos, además, cientos de trocitos complejos (subrutinas y funciones) que llevan escritos en Fortran desde los años 70 del siglo pasado, y que por tanto han sido comprobados una y otra vez en todos los tipos de ordenadores que hay. De hecho, programas interpretados como Python o R utilizan esas mismas rutinas, en Fortran o en C (otro lenguaje venerable).

Pasar por alto la tarea de verificación por parte de la comunidad puede salir muy caro, especialmente cuando se pasan los programas de una arquitectura de computación a otra en un lenguaje que no requiere definir el tipo de variable.

Los científicos que nos dedicamos a investigaciones relacionadas con el clima no somos precisamente gente a la que no nos guste las innovaciones –de hecho, uno de los principales clientes de los superordenadores somos nosotros– pero aún más que la innovación y los ordenadores más rápidos y con más capacidad de almacenaje, nos gustan la precisión y la exactitud.

6
LAS NUBES Y LA LLUVIA

L A lluvia es un ingrediente atmosférico básico para la vida y para la actividad humana. Sin agua dulce no tenemos cultivos a gran escala y cualquier cambio en los patrones de la precipitación genera un trastorno para las ciudades, el campo y la naturaleza. La lluvia que se deposita sobre los bosques, los prados y las estepas mantiene la vegetación y con ella a la ganadería y a los animales salvajes, sosteniendo redes de ecosistemas complejos. Y estas relaciones entre los diferentes seres vivos del planeta, muchas y muy intrincadas, son las que convierte a nuestro planeta en la única roca del sistema solar que posee una delgada capa superficial en la que bulle la vida.

La vida humana en concreto se vuelve muy difícil sin agua potable. El agua líquida de la que disponemos para beber es una mínima parte de toda la que hay en el planeta (el 0,3% para ser precisos), y nos llega a través del ciclo del agua, que podríamos hacer comenzar con la evaporación de moléculas de agua que luego forman las nubes, y finalizar cuando esa agua llega al gran océano global desde los ríos. El tiempo medio de residencia del agua en la atmósfera es de ocho a diez días, es decir, que una gota de agua está de media ese tiempo viajando por la atmósfera[33]. Pero eso es solo parte del ciclo, porque en las costas tenemos agua que se evapora por la mañana, cae por la tarde y regresa al día siguiente al mar, mientras que en otros lugares cae sobre las montañas, se congela y se desliza durante décadas formando enormes ríos de hielo: los glaciares. En otros sitios se filtra a través del suelo y reside durante cierto tiempo en acuíferos, auténticos embalses subterráneos que son fundamentales en países semiáridos como España. Los tiempos del ciclo hidrológico son pues muy variados, y este es un aspecto que hay que considerar cuando se estudian los impactos del cambio climático sobre los recursos ambientales.

LOS CAMBIOS EN EL CICLO DEL AGUA

LA mayor parte del agua que recibe el suelo viene de las nubes. Las nubes son realmente difíciles de estudiar. Cambian todo el tiempo, y no es fácil tomar medidas dentro de ellas. Son una de las incertidumbres más importantes del cambio climático, lo que no quiere decir que no estemos bastante seguros de lo que sabemos sobre ellas y sobre la precipitación que generan.

En este sentido, cuando un científico dice que no está completamente seguro de algo, esa locución tiene un sentido muy diferente del que tiene la frase cuando la usamos para comunicarnos en la calle. Para un científico, no estar totalmente seguro de algo puede querer decir que si midiera lo mismo cien mil veces habría menos de dos veces que saldría un valor muy alejado del resto. En términos de una conversación corriente, eso es estar completamente seguro.

De hecho, los científicos de la atmósfera no podemos decir que estamos absolutamente seguros de que las moléculas de aire que hay en una habitación no vayan a agruparse todas de repente encima de una mesa, dejando el resto del espacio vacío. Eso, según la física, es posible. Solo que la probabilidad de que ocurra es menor que la que hay de que mi gato, pasando al azar sobre el teclado de mi ordenador durante toda la edad del universo, acabara tecleando letra por letra *El Quijote*. A eso es a lo que los científicos nos referimos cuando decimos que algo no es imposible. La traducción de esa afirmación tan cauta en la vida corriente es que estamos totalmente seguros.

Sabemos que una de las consecuencias físicas del calentamiento es que se acelerará el ciclo del agua. Esto quiere decir que, salvo que no estemos considerando algún factor biótico clave, en algunos lugares se hará más rápido, en otros más lento, y que la distribución de la lluvia cambiará tanto en cantidad como en su distribución sobre la superficie del planeta. El tiempo medio de residencia del agua en la atmósfera disminuirá cuando el ciclo se acelere, y esto puede hacer que entre otras cosas el aire cargado de humedad del mar –una gran fuente de precipitación en algunos lugares– penetre menos en el interior, creando desequilibrios regionales.

Ya se empiezan a percibir efectos. Cada vez es mayor la humedad específica en superficie –esto es una observación del registro histórico– y también está lloviendo un poco más de media desde 1990. A escala planetaria, los cambios en los monzones (lluvias estacionales que se originan en algunos lugares por el calentamiento diferente de la tierra y el mar a lo largo del año) pueden afectar a millones de personas.

De hecho, el proceso ya ha comenzado a ser un problema en algunos lugares, aunque está enmascarado por los efectos de los aerosoles. Este último matiz quiere decir que, aunque el calentamiento global debería acelerar el ciclo hidrológico y generar más precipitación en los monzones, los aerosoles que hemos emitido a la atmósfera (además de los gases de efecto invernadero) han reducido este impacto, enmascarando los síntomas del calentamiento. Se trata de uno de estos efectos compensatorios que a veces suceden en la atmósfera, y que hacen que la predicción numérica sea imprescindible.

Los cambios en el ciclo del agua no son fáciles de predecir con precisión, porque como muestra el ejemplo anterior el acoplamiento de procesos de diferentes ámbitos es muy sutil e intervienen muchísimos factores.

La precipitación es de hecho una de las variables meteorológicas más difíciles de *predecir* con precisión. Es difícil incluso *medir* la lluvia que cae en un lugar determinado. ¿Cómo puede ser eso? ¿No basta con colocar un recipiente y ver cuánta lluvia se ha acumulado? En realidad, no es tan sencillo. Esta es una de esas cosas que observadas desde fuera parecen muy simples pero que cuando se entra en detalles se convierten en una pesadilla para los científicos.

Como quizá haya observado alguna vez el lector, hay muchas ocasiones en que está lloviendo en un lugar y unos pocos metros más allá, llueve menos o nada en absoluto. A esto lo llamamos «variabilidad espacial de la precipitación», y su valor nos informa de cómo cambia la lluvia, la nieve o el granizo en función de la distancia que hay entre los lugares. La temperatura, por ejemplo, varía en la horizontal, pero no tanto como la precipitación. No sucede que esté helando en un sitio y a diez kilómetros en la horizontal se pueda freír un huevo en el capó del coche. Pero los aguaceros son fenómenos muy localizados en el espacio, y pueden caer decenas de litros en una acera y nada en la de enfrente.

Los pluviómetros se sitúan en lugares que se supone representan bien las condiciones del entorno, pero aun así, como la variabilidad espacial es elevada, se pueden encontrar variaciones muy grandes, y no es raro que aparatos separados tan solo veinte metros midan uno el doble que el otro.

La variabilidad en altura es también grande. Uno de los primeros experimentos meteorológicos lo realizó un médico inglés en el año 1766. William Heberden, que así se llamaba, colocó un pluviómetro en su jardín, otro en el tejado de la casa, y un tercero encima del techo de la abadía de Westminster, a una milla de distancia. Estuvo midiendo durante un año, y obtuvo diferencias de hasta un 87% en los 32 metros de distancia que separaban el instrumento del jardín del instrumento del tejado, y más aún respecto al tejado de la abadía.

En una ciudad grande como Madrid, sucede a veces que llueve en los barrios del norte y no en los del sur. Si nos fiáramos tan solo del observatorio del parque de El Retiro no estaríamos midiendo bien lo que ha sucedido en otros lugares. Es por eso por lo que Madrid (y cualquier ciudad grande) cuenta con varios lugares en los que se mide la precipitación. De esta forma la medida es más representativa.

Se podría pensar que lo que hay que hacer entonces es colocar muchos aparatos para medir la lluvia, de manera que se cubra un área extensa del territorio. Eso sería ideal, pero no podemos colocar un instrumento cada diez metros. Sería caro y poco práctico. Además, tampoco podemos colocar pluviómetros sobre el océano que cubre las tres cuartas partes del planeta. Ni tampoco podemos ponerlos a cien metros de altura, donde la precipitación a veces se evapora antes de tocar el suelo.

De hecho, el área combinada de todos los pluviómetros que hay sobre las tierras emergidas es muy pequeña. Un bonito ejercicio mental es estimar cuánto de pequeña. ¿Cómo Andorra? ¿Cómo una ciudad como Toledo? La respuesta es sorprendente: si pusiéramos juntos todos los pluviómetros disponibles en el mundo, uno pegado con el otro, nos bastaría con un campo de fútbol[34]. Esa es el área en la que estamos midiendo de manera directa la lluvia en todo el globo.

Los radares de tierra contribuyen a llenar los huecos y a medir a diferentes alturas, pero hay pocos lo suficientemente avanzados, su medida está sujeta también a varias fuentes de error e incertidumbres, y sobre el mar seguimos sin tener casi datos. Afortunadamente, los satélites nos ayudan a completar la imagen de la lluvia que cae al suelo.

Gracias a ellos podemos hacernos una idea bastante precisa de la cantidad de agua que llueve en todo el planeta. Para calcular la precipitación por satélite lo que hacemos es medir la energía en diferentes frecuencias, desde las microondas al infrarrojo, pasando por el visible, para a partir de ellas estimar la lluvia.

El método más preciso es empleando las microondas, y se basa en el mismo principio que el radar de tráfico de las carreteras, que también utiliza radiación electromagnética en esas frecuencias. Satélites como el GPM lanzan un haz de ondas de microondas a través de la atmósfera, y van midiendo el rebote con una antena. La energía que regresa depende de cuánta lluvia tengamos. Esto se hace a diferentes alturas, desde el suelo hasta las nubes, como los radares de tierra. El resultado es una estimación de la lluvia en tres dimensiones, porque el satélite se va moviendo a doce kilómetros por segundo, recorriendo todo el planeta de polo a polo.

Por ser precisos, añadir que no hay un único satélite GPM, sino una constelación, pero podemos usar la metonimia y llamar «satélite GPM» o «GPM-core» al Global Precipitation Measurement Core Observatory, que es un satélite de cuatro toneladas lanzado en el año 2014, y cuyos radares orbitales son los únicos instrumentos capaces de medir de manera física la precipitación líquida y sólida a diferentes alturas sobre todo el planeta. El predecesor del GPM -core, el satélite TRMM (Tropical Rainfall Measuring Mission), estuvo durante 17 años proporcionando medidas de radar en latitudes tropicales (hasta 35° de latitud, en realidad). La misión TRMM tenía una duración prevista de 3 años, pero el aparato superó todas las expectativas. El GPM se previó que durara al menos 3 años y ya lleva 11. Gracias a él pudimos conocer con precisión cuánta agua había caído en Valencia en noviembre de 2024.

Pero los satélites también tienen limitaciones. Aunque sus medidas cubren todo el globo, no lo hacen todo el rato, sino a intervalos variables, y además esta tecnología es relativamente reciente: los satélites son el fruto de la era espacial en la que entró la humanidad tras la segunda guerra mundial. No tenemos series largas como las de los pluviómetros, que llegan hasta el siglo diecinueve.

El sistema que se usa para hacer la medida, además, no es tan directo como el de los pluviómetros, que miden la cantidad de agua recogida (aunque tampoco de manera perfecta; los pluviómetros son un mundo). La estimación–más que la medida– de los satélites se basa en cómo se ve afectada la radiación electromagnética cuando se encuentra con gotas de agua o cristales de hielo, y eso es un método indirecto. Pero los satélites son lo mejor que tenemos en cuanto a cobertura y a medir en lugares en los que no podemos colocar instrumentos de tierra.

CALOR LATENTE

HAY un error muy común que es suponer que el vapor de agua del aire son las nubes. En realidad, cuando miramos una nube lo que vemos es o hielo o una multitud de gotitas de agua condensadas alrededor de pequeñas partículas, como cristales de sal, y no vapor de agua. Lo que tenemos en cada gotita son muchísimas moléculas juntas: cada una de las gotitas de nube (de unas 5 milésimas de milímetro de diámetro) está formada por unos 2 billones de moléculas de agua. Ese conjunto astronómico de moléculas, cuando aparece con otras a razón de unos 1.000 millones de gotitas por cada metro cúbico, es lo que vemos como «nube».

De hecho, y salvo que se esté leyendo esto en la sauna o en el baño, en el ambiente en el que está ahora el lector hay una buena cantidad de vapor de agua que no se ve. Para que se viera, las moléculas tendrían que condensarse en gotitas. Al hacerlo —y esto es importante— las moléculas de agua liberan energía, almacenada en forma de lo que se conoce como «calor latente»[35]. Es una especie de energía que está almacenada, y que se libera solo cuando hay un cambio de fase, cuando se pasa de la fase gaseosa a la líquida, en este caso.

¿Por qué se libera ese calor latente durante la condensación? Porque cuando están en forma de vapor, las moléculas de agua se mueven libremente en el aire con cierta velocidad. Eso es energía en forma de movimiento: energía cinética. Pero cuando se quedan pegadas entre sí, cuando condensan, actúan unas fuerzas que hacen de «pegamento» entre ellas. Son las fuerzas electroestáticas. Si luego queremos separar una molécula de agua que esté ya con otras, por ejemplo, en una gotita de nube, tendremos que volver a dar energía para que las moléculas empiecen a vibrar y la energía que adquieran sea suficiente para compensar las fuerzas moleculares que las mantienen pegadas. Es la evaporación.

La energía que traían las moléculas individuales que se han unido para formar la gotita tiene que invertirse en algo, porque no se puede perder (la energía se conserva, como nos enseñaron en el colegio). Lo que sucede es que esa energía extra que queda almacenada internamente se comparte con el resto de las moléculas del aire, que la reciben cuando chocan con la gotita.

Ese proceso calienta el aire alrededor de la nueva gotita. Y ese aire entonces sigue subiendo al ser menos denso que el de alrededor, haciendo que se condense más agua, y liberando más calor latente, y así sucesivamente. Así es como se forman las nubes de verano: a partir de un pequeño impulso que hace que el aire empiece a ascender (ya sea que el suelo calienta el aire más bajo, haciéndolo menos denso y haciéndolo subir; o que el aire se ve obligado a ascender porque se ve empujado por el viento o por una ladera), se inicia el proceso de condensación, se libera calor latente, el aire se expande, sube más, y se produce una especie de reacción en cadena.

La liberación del calor latente es uno de los procesos más importantes que suceden en la atmósfera desde el punto de vista físico. Juega un papel fundamental en el movimiento de las masas de aire de la atmósfera, y por tanto en el viento. Es un ingrediente crítico de las grandes tormentas y de los huracanes, que obtienen de esta manera su enorme energía y capacidad destructiva. Los ingredientes básicos de los huracanes son una temperatura elevada en la superficie del mar (más de 26,5 grados) y mucha humedad disponible en el aire, de manera que el vapor que vaya subiendo libere calor latente al irse condensando según asciende, y vaya multiplicando el proceso. Por eso los ciclones se forman y crecen en los océanos tropicales y van debilitándose al poco de tocar tierra, cuando pierden el contacto con su fuente de humedad y por tanto de energía.

La formación de un ciclón tropical (o huracán, que es el nombre para los del Atlántico Norte y el Pacífico Este; se les llama ciclón en el Índico y tifón en el Pacífico Norte) es en realidad más complicada, y requiere también que haya poca cizalladura del viento (que el viento cambie poco de velocidad en altura), que este no sea muy fuerte alrededor del ciclón (para no desbaratar su estructura), y que la componente tangencial de la llamada «fuerza de Coriolis» sea apreciable (por eso no se forman a menos de 500 km del ecuador). En el interior de un ciclón al ascender el aire se reduce la presión en superficie, y eso es lo que lo hace tan destructivo: el viento es el resultado de la diferencia de presión entre dos puntos, y cuando mayor sea esta, más fuerte resulta.

LAS NUBES EN LOS MODELOS

CASI toda el agua que llega al suelo procede de nubes. El resto es condensación directa sobre la superficie o sobre plantas (que luego escurren parte del agua). Para entender qué puede suceder con el agua en el futuro hay que regresar a las nubes y explicar con cierto detalle qué pasa dentro de ellas para que llueva.

Las nubes son difíciles de modelizar. Su composición es muy variable, tanto en cantidad de agua como en cómo son los tamaños relativos de las gotitas de agua y cristales de hielo que las componen. También difieren en las sustancias que llevan disueltas las gotas, o en el propio número de gotas. De hecho, las nubes son tan desiguales entre sí que es difícil saber qué efecto ejercen sobre la radiación del Sol y la de la Tierra. Hay muchas cosas que aún no sabemos bien de las nubes y son importantes, porque los efectos locales de estas pueden tener consecuencias planetarias. Solo hace poco se descubrió que las nubes son, de hecho, la causa probable de la reducción de la tasa de calentamiento que se ha observado específicamente en la parte este del Pacífico ecuatorial de 1998 a 2013, algo que afecta a la media de la temperatura planetaria[36]. Y hay más ejemplos.

Hay unos modelos que sí son capaces de generar nubes con mucho detalle —se les llama «modelos que distinguen o resuelven las nubes» (CRMs)— pero hay que ser cautos: lo que hacemos los científicos es que las ecuaciones generen nubes realistas. No predecimos las nubes que realmente van a aparecer en el cielo a las tres de la tarde del próximo miércoles.

El matiz es importante. En la mayoría de los modelos de clima, de hecho, no se simulan las nubes de manera individual, sino que se generan «nubes tipo» en cada punto sobre el que se hacen los cálculos. Es como si estuviéramos hablando de la clase de persona en que se convierte un niño bajo ciertas condiciones. En general, si el bebé ha sido castigado con severidad, se convertirá en un adulto con miedos. Pero saber esto no nos permite aventurar que el niño Joselito se convertirá en un Jose Manuel concreto, con todas sus particularidades y manías. Podremos afirmar, si la teoría que hay detrás es correcta, que tiene muchas papeletas para ser de esta o de otra manera, pero no podemos saber en qué condiciones mostrará su cautela, o si será alto o bajo.

Con las nubes pasa igual: podemos decir que dadas unas condiciones de la atmósfera es probable que se formen cumulonimbos en una zona, pero no podemos afirmar que estarán en la vertical de un punto concreto a tal hora, que serán de 5 km de alto, o que su forma recordará a algunos a la de un dragón alado.

Hay varios tipos de nubes, pero no me detendré en ello porque creo que son conocidos gracias a los programas de televisión que van al final de los noticieros. Todo el mundo sabe más o menos que hay cúmulos, estratos y cirros. Los primeros son los más cercanos a la superficie, los segundos están un poco más altos, y los cirros tienen su base a alturas considerables, de hasta unos 18 kilómetros (los aviones de línea vuelan a unos 12 km de altura cuando están en crucero). La manera informal de describirlos es como bolas de algodón, como una manta, y como hilos o mechones de algodón, respectivamente.

Menos gente recuerda que hay formas mixtas: estratocúmulos, cirroestratos y cirrocúmulos. Los nombres se explican solos. Y menos gente aún sabe que si la nube produce precipitación añadimos la partícula «nimbo» (que como el lector podrá intuir significa tormenta en latín) como prefijo o sufijo. Así, tenemos cumulonimbos y nimboestratos (que quizá deberían llamarse «estratonimbos» por consistencia y facilidad de memorización). El esquema oficial, el de la organización meteorológica mundial, lo completan dos clases también mixtas: los altoestratos y los altocúmulos (es decir, estratos y cúmulos altos, respectivamente).

Hay pues 10 «géneros» oficiales de nubes, a los que a algunos nos gusta añadir la niebla, que no deja de ser una nube cuya base es el suelo. Esto, por cierto, es la clasificación básica, porque el vocabulario se ha extendido para acoger maneras más o menos creativas de referirse a formas variadas, y que van desde altocúmulos con forma de almenas de castillo (*altocumulus castellanus* en la jerga, que por cierto es en latín), hasta los *cumulus mediocris*, que son cúmulos que empiezan a crecer.

Esta clasificación visual de géneros, especies y variedades tiene un punto subjetivo, y a menudo se pueden ver acaloradas discusiones en twitter sobre qué nubes son las que hay en una fotografía. Por cierto, que hay nubes más arriba de la troposfera. Las preciosas nubes de madreperla se pueden encontrar a 30 km, y las nubes noctirlucentes incluso a 90 km. Son fundamentalmente de hielo, y están formadas por agua extraterrestre y por el producto de la desintegración de gases como el metano. Se ven mejor de noche y en latitudes altas.

No hay que preocuparse mucho por la nomenclatura de nubes porque esta clasificación es poco importante para cualquier problema serio de predicción meteorológica, y casi irrelevante para las simulaciones de clima. Para realizar esas tareas las nubes se caracterizan de manera única mediante magnitudes físicas precisas tales como la concentración de vapor de agua, el tamaño de las gotas, la temperatura, o la altura mínima y máxima que alcanza la masa condensada.

A efectos de investigación, los géneros son etiquetas cualitativas para ahorrarse dar una ristra de números, algo así como describir a alguien como gordo o delgado, o alto o bajo. Por supuesto dentro de esas categorías hay muchos grados. Tenemos casos claros, como por ejemplo el indiscutiblemente alto jugador de baloncesto Pau Gasol, o el notoriamente gordo rapero *The Notorious B.I.G.*, por citar dos famosos, pero hay muchos grados intermedios. Lo mismo con las nubes. Hay cumulonimbos que llamamos de libro porque se ven desde el suelo de manera clara y con todas sus partes bien definidas, pero lo habitual es que aparezcan deformados, mezclados con otros tipos de nubes, incompletos o con alguna particularidad debida a condiciones ambientales diferentes a las estándar.

También, hay que tener en cuenta que hoy las nubes se observan mejor desde satélite, que son capaces de ver áreas mucho más extensas de las que vería una persona desde el suelo. Esto hace que los tipos visuales no sean terriblemente importantes, aunque por supuesto esta clasificación tenga que ser aprendida por cualquier estudiante serio de climatología, así como un mecánico de coches no suele tener en cuenta para resolver la avería si el coche que le llega roto es un sedán o un pony, pero nadie le dejaría su coche a uno que no conociera la diferencia entre ambas categorías.

Con los satélites podemos distinguir cuatro grandes agrupaciones de nubes, o sistemas nubosos. Están los sistemas convectivos de mesoescala, los huracanes, las bajas polares y los ciclones extratropicales. Cada uno de ellos produce precipitación de una manera diferente, y cada uno de ellos presenta sus propias dificultades a la hora de intentar ser representado en los modelos.

No todas las nubes acaban generando precipitación en el suelo. Las más altas, los cirros, están formadas sobre todo por pequeños cristales de hielo a temperaturas muy bajas, de unos sesenta grados bajo cero. La niebla, considerada como nube baja, moja las superficies más veces de lo que acaba condensando en forma de gotas que luego caen, y los llamados «cúmulos de buen tiempo» (*cumulus humilis* en la clasificación oficial), se caracterizan precisamente porque no dejan lluvia, que es una de las características populares del buen tiempo para los urbanitas y los que viven en regiones lluviosas.

La precipitación: la variable clave

La precipitación es una variable muy importante en climatología. De entrada, es clave para validar los modelos del clima, es decir, para saber si los modelos tienen alguna garantía de simular con precisión los climas del futuro, porque lo primero que tiene que hacer bien un modelo de clima es ser capaz de estimar bien la lluvia que ha caído en los últimos treinta años sin recurrir a ajustes hechos a propósito para que cuadre. Si falla en esto, es difícil darle credibilidad a las predicciones que haga ese modelo sobre el futuro. Aunque parezca elemental, dicha prueba es muy exigente, y no todos los modelos de clima son capaces de pasarla.

Conocer con precisión los procesos que conducen a la precipitación es importante porque saber dónde va a llover y qué cantidad es crucial para nuestra vida. Y no estoy pensando en saberlo para sacar o no el paraguas, sino para un montón de actividades que, nos demos cuenta o no, dependen de la lluvia. Estas van desde la producción de electricidad renovable hasta el precio del seguro del coche, pasando por la calidad y precio del vino de las denominaciones de origen más prestigiosas.

Las nubes someras (aquellas en cuyo interior no hay grandes movimientos verticales), juegan un papel muy importante en el clima. A pesar de no dar precipitación, dispersan y absorben la radiación solar, alterando el equilibrio de la radiación terrestre. Estas nubes estables actúan por una parte como una suerte de reflectores de la radiación solar, y por otro de manta aislante de la que emite la Tierra. Un cambio climatológico (es decir, persistente durante mucho tiempo) de las características de este tipo de nube puede tener varios efectos: si por ejemplo las nubes someras se vuelven más reflectantes porque tienen más hielo, llegará menos energía a la Tierra, y esta se enfriará. Si el tamaño medio de las gotas disminuye, eso puede hacer que sean capaces de retener más energía infrarroja, compensando el efecto anterior, pero si aumenta, y son más transparentes, el enfriamiento será mayor.

Como se ve, las diferentes combinaciones producen efectos multiplicativos en un sentido, o dejan las cosas como estaban. Pero es que hay más factores. El balance energético no solo depende del estado del agua de la nube, sino también de otros componentes, entre los cuales los aerosoles alrededor de los cuales se forman las gotitas de nube son muy importantes. Algunos aerosoles son capaces de retener más radiación infrarroja que otros, y en una nube puede haber muchas especies diferentes de aerosoles en cuanto a composición y tamaño. Las combinaciones pues de espesor, distribución de los tamaños de gota y composición convierten al estudio de las nubes en un campo en el que no nos falta trabajo.

Para añadir más complicaciones, no todos los cristales de hielo son iguales. En función de la cantidad de vapor de agua que haya y de la temperatura —que en las nubes puede llegar hasta los 70 bajo cero– encontramos desde los típicos cristales de nieve de seis puntas hasta pequeños cilindros huecos, pasando por placas planas o una especie de prismas hexagonales con minúsculas plaquitas hexagonales en las puntas. La enorme variedad de tipos de cristales se recoge en el llamado «diagrama de Kobayashi[37]», un clásico que se ha aprendido todo estudiante de física de la atmósfera, y que por cierto ha ido evolucionando desde la versión original de 1954 según se hacían más y mejores medidas.

Para mayor dificultad aún en este tema, las nubes no son homogéneas ni compactas: unas regiones tienen más densidad que otras e incluso los bordes de las nubes están más o menos definidos, con diferencias notables entre las que hay sobre el mar, más deshilachadas, y las que flotan sobre los continentes, que son más compactas.

El número posible de efectos radiativos es por tanto enorme, y esto solo para una nube en una región dada. En todo el planeta, contando los diferentes tipos de nubes y la composición y temperatura en tres dimensiones, el número de combinaciones puede ser muy elevado.

Suponer que todas las nubes someras son iguales, o tomar valores medios introduce sesgos importantes en los modelos. No obstante, estos son conocidos, están descritos en la literatura, y se irán solucionando según mejoren las capacidades de cálculo y nuestro conocimiento sobre la física de las nubes, una prioridad de la investigación en cambio climático.

Esa fue, de hecho, una de las razones para el desarrollo de la misión GPM de la NASA que he mencionado arriba, y a la que estoy ligado desde hace más de veinte años, primero como estudiante postdoctoral en Inglaterra y después, ya de regreso a España, como investigador principal dentro del equipo científico internacional de la misión. Después de mucho trabajo, el satélite principal de la misión se lanzó en febrero 2014 y desde entonces no nos ha defraudado. Gracias a él estamos obteniendo información sin precedentes sobre la estructura vertical de las nubes y sobre los procesos de precipitación, además de darnos datos muy precisos sobre cuánto llueve en cada lugar del planeta. Uno de los ámbitos en los que estamos obteniendo información más valiosa es en el de los huracanes y tormentas severas.

Hemos aprendido mucho en los últimos años. Para hacerse una idea de la complejidad de las nubes y de la precipitación podemos echar un ojo a la cocina y listar los parámetros que se incluyen en los modelos, así como algunas de las asunciones que se emplean. Esta parte puede ser omitida sin pérdida de continuidad por los lectores que no quieran alejarse mucho del hilo principal o a los que no les interesen mucho los detalles de los modelos de clima, pudiendo pasarse directamente al capítulo siete.

¿Cómo llueve en los modelos?
La microfísica de la precipitación

La precipitación en los modelos de clima avanzados se incluye como un módulo que se conoce como «parametrización de la microfísica» o «microfísica de nubes». Es solo una de las varias parametrizaciones[38]. Las hay también de turbulencia, de radiación, de suelo, de vegetación, de convección, de cúmulos, o de ondas de montaña, entre otras. ¿Para qué sirve? ¿Qué se modela en una «microfísica»? Sirve, junto con la de convección, para que llueva en el modelo. Lo que se modela en este módulo son los procesos de precipitación complejos que ocurren en nubes como los cumulonimbos que he mencionado arriba o en los huracanes tropicales, una de las principales máquinas de hacer llover.

Voy a profundizar un poco en la complejidad de esta parametrización describiendo una microfísica general. Funciona así. Para cada una de las celdas del modelo, es decir, para unos cubos imaginarios de varios kilómetros de ancho y largo y cientos de metros de alto que cubren toda la atmósfera del planeta, se empieza por definir cinco formas en las que puede estar el agua: vapor de agua, gotitas de nube, gotas de lluvia (diferentes de las anteriores), cristales de hielo y agregados sólidos, que pueden ser copos de nieve, cristales de hielo, o una especie de grupos de bolitas de granizo medio derretidas que se conocen como granizo blando[39], y por supuesto granizo. También debemos incluir núcleos de condensación, pequeñas partículas alrededor de las cuales se formarán las gotas de nube, y núcleos de engelamiento, que sirven como núcleos de futuros cristales de hielo.

La microfísica lo que va haciendo es decirnos qué cantidad tenemos de cada cosa en función de las condiciones ambientales de esa celda (presión, temperatura, viento, densidad del aire, composición), de lo que pase en las celdas vecinas, y del estado anterior de la celda. Cuando se empieza a ejecutar el modelo, por tanto, tenemos que dar una serie de valores iniciales a cada celdilla. Estos irán evolucionando, dándonos tasas de cambio. La evolución de estas viene marcada por procesos físicos conocidos entre las variables. Así, si la temperatura de esa celda del modelo aumenta, habrá más energía disponible para evaporar agua, y por lo tanto más vapor de agua; o se producirá la fusión del agua que esté en forma sólida de haberla. La cantidad concreta de agua que se evaporará o que se fundirá viene dada por una ley física precisa, derivada generalmente de una teoría con varias décadas de recorrido, y comprobada experimentalmente.

No quiero olvidar una cosa: es importante distinguir entre: vapor de agua (invisible al ojo), gotitas de nube (*droplets* en inglés, que son las que hacen que veamos las nubes pero que son demasiado pequeñas para ser distinguidas individualmente al ojo desnudo), y gotas de lluvia (*raindrops*), que naturalmente sí que se ven.

Hay seis procesos principales que se dan entre las formas del agua líquida, y otros once que involucran a la fase sólida. El primero es la nucleación de agua, el proceso por el cual las moléculas de agua se adhieren a núcleos de condensación, haciendo crecer las gotas de nube por difusión de vapor. Luego está la autoconversión, es decir, la fusión de gotitas de nube para crear una gota de lluvia que luego puede crecer mediante otro proceso, la acreción de otras gotas de nube con las que puede chocar.

Otra manera de crecer es mediante la auto-colección, que es la fusión de gotas de lluvia para formar una mayor. Pero las gotas de lluvia también pueden romperse, lo que se modela mediante las ecuaciones de ruptura, o evaporarse en vapor de agua cuando se rompen los puentes de hidrógeno que mantienen unidas provisionalmente a las moléculas y estas se sueltan. Hasta aquí los seis procesos principales para el agua líquida. Cada uno de ellos se describe mediante una ecuación integro-diferencial que se resuelve realizando algunas simplificaciones sensatas en las que no vamos a entrar ahora, pero que son un mundo en sí mismas.

En los procesos de la fase sólida tenemos la nucleación del hielo, un análogo del proceso para el agua pero esta vez alrededor de núcleos de congelación, o glaciógenos. Luego está el escarchado, que sucede cuando las gotas de lluvia chocan con una partícula de hielo y se congela inmediatamente. La acreción de hielo, la captura de gotitas de nube por parte de los cristales congelados, también los hace crecer. Luego pueden agregarse, es decir, enlazarse unos con otros para formar cúmulos más o menos irregulares a los que llamamos copos de nieve, granizo blando o granizo. También pueden romperse cuando colisionan unos contra otros, o fundirse en agua si la temperatura aumenta. Este es el proceso que ocurría en la bola de nieve del capítulo anterior.

Un proceso mucho más interesante es el de Wegener-Bergeron-Findeisen (WBF) o de «lluvia fría», por el cual los cristales de hielo crecen a expensas de robarles moléculas de agua a las gotitas de nube y a las gotas de lluvia. También puede suceder que las gotitas y las gotas se congelen directamente. Los dos últimos procesos dan cuenta de que el hielo puede pasar directamente a fase vapor (sublimar, como hacen las pastillas antipolillas en los armarios), o al revés: el vapor de agua puede depositarse directamente sobre los cristales de hielo.

Todos estos procesos son dinámicos y pueden ocurrir de manera sucesiva, al mismo tiempo, o de manera diferente en diferentes partes de la nube, especialmente en la vertical.

Un modelo de clima decente lo que hace es decir qué cantidades se van transformando, basándose para el cálculo en principios físicos básicos (en el sentido de fundamentales, no de sencillos), y bien conocidos. Para ello, es necesario hacer algunas simplificaciones basadas en comportamientos medios de un gran número de partículas, puesto que si no lo hiciéramos así tardaríamos una eternidad en hacer todas las operaciones.

De hecho, si quisiéramos seguir todos los estados de todas las moléculas y partículas que hay en el aire para saber qué tiempo va a hacer en dos días, tardaríamos más que la edad estimada del universo. Tenemos también que realizar algunas asunciones lógicas y sensatas que están bien descritas en la literatura especializada.

Es un tema bastante técnico pero para dar una idea de qué es de lo que estamos hablando, para los procesos de nucleación del agua y el crecimiento por difusión algunos asumen que los núcleos de condensación son de una única especie (para no complicarlo demasiado con detalles sobre el comportamiento de otros compuestos químicos similares), o que hay pocas gotas muy pequeñas de agua, muchas medianas y luego progresivamente menos de las más grandes (lo que se llama una distribución de probabilidad lognormal), o que el tamaño medio de la distribución es fijo, o que la concentración de aerosoles es constante. Todas son simplificaciones razonables para hacer que el problema sea tratable, y los errores que se pueden cometer asumiéndolos entran dentro de rangos aceptables.

El esfuerzo científico para elucidar estos procesos e incorporarlos en los modelos es enorme. Para cada una de las decenas de asunciones de cada uno de los diecisiete procesos puede haber fácilmente no menos de veinte artículos científicos que los discuten en un detalle suficiente para que otros investigadores puedan validarlas.

Alguien que quiera hacer una tesis de microfísica de precipitaciones tiene que comenzar trabajándose en profundidad unos trescientos artículos científicos antes de tener una idea más o menos precisa sobre de qué va el tema, además de leerse con aprovechamiento una docena de manuales técnicos muy especializados de entre quinientas y mil páginas cada uno. Para entender las ecuaciones de estos manuales hay que haber adquirido previamente conocimientos básicos de álgebra y análisis matemático y contar con una buena base de meteorología y climatología elemental.

Leer mucho sobre el tema que uno quiere dominar es esencial, puesto que de otra manera uno se arriesga a descubrir continuamente el Mediterráneo y a reinventar la rueda. Hay numerosos (y muy dolorosos) ejemplos al respecto; doctorandos mal aconsejados que después de cinco años trabajando en un tema se dan cuenta de que lo pretendían hacer ya lo hizo mejor un tipo de una oscura universidad del medio oeste americano... en 1982. El trabajo de leerse los precedentes puede resultar pesado si se enfoca mal, pero es una etapa que no se debe saltar en cualquier investigación científica.

Si se quiere hacer alguna contribución relevante, el doctorando que se aventure en la selva de la parametrización de la microfísica de los modelos de clima tendrá que estar además varios años dedicado casi en exclusiva a una parcela muy pequeña (porque el que mucho abarca, poco aprieta) hasta que maduren nuevas ideas e intuiciones.

Después de ello, tendrá que proponer unas ecuaciones originales que mejoren los resultados de las anteriores. Pero antes, para comprobar que su teoría es viable, tendrá que haber codificado su contribución personal en fortran, el equivalente al griego clásico de los lenguajes de programación: preciso, perfecto para trabajar con ciertas estructuras de datos, y despreciado por los recién llegados al campo, pero no obstante imprescindible en este campo de conocimiento.

Una vez codificada su teoría, el doctorando tendrá que correr decenas de simulaciones para comparar su propuesta con las anteriores, demostrando a la comunidad que efectivamente ha logrado una mejora, o que ha desvelado algo que no se sabía. Para ello tendrá que haber escrito uno o dos artículos describiendo con todo detalle su teoría y los resultados que produce, y pasar el filtro de la publicación en una revista científica de buena reputación, en la cual su artículo será revisado por tres o cuatro revisores anónimos y no sujetos a responsabilidad alguna que tendrán que estar de acuerdo, de manera independiente, en que el manuscrito merece ser publicado.

La descripción de lo necesario para hacer alguna contribución relevante en este campo quizá permita apreciar mejor el fastidio con que algunos científicos recogemos a veces las ideas de cierto público escéptico sobre nuestro trabajo. Es habitual que los científicos recibamos correos-e o comentarios en las redes sociales preguntando si hemos considerado tal y o cual cosa, o si no nos hemos dado cuenta de algo en nuestros estudios o publicaciones.

El que pregunta tales cosas generalmente lo hace con buena voluntad, inducido por algunas lecturas o comentarios en foros de internet, pero sin darse cuenta de que se dirige a alguien que probablemente lleva 20 años trabajando solo en eso, y que seguramente se ha leído toda la bibliografía especializada sobre el tema publicada desde 1901 hasta anteayer. La lectura de la bibliografía básica sobre un tema tan concreto como la modelización del proceso WFB en las *bulk microphysics* puede ocupar más de dos meses de trabajo concentrado en jornadas de ocho horas, y solo se puede acometer teniendo una buena base previa en varias técnicas ya de por sí intrincadas. La tarea necesita además de una gran capacidad de abstracción, y de ser capaz de relacionar conocimientos previos. Y esta carga de trabajo es solo la punta del iceberg de lo que hay que saber para poder hacer alguna propuesta nueva y relevante en este campo.

De hecho, hay doctorandos que no son capaces de penetrar en el bosque denso de ese mundo y desisten al cabo de unas semanas, teniendo que ser reasignados a otras investigaciones más sencillas.

Es por ello poco sorprendente que el número de personas en el mundo dedicadas a tiempo completo a desarrollar microfísicas de precipitación para los modelos de clima quepan en una habitación y se conozcan todas. Su tarea es, no obstante, imprescindible hoy en día para incrementar el conocimiento humano, y dada la emergencia climática y la importancia de la precipitación, para el futuro de la humanidad.

En el futuro, cuando tengamos ordenadores cuánticos que sean mucho más potentes quizá podamos prescindir de las parametrizaciones y simular directamente toda la atmósfera, pero por el momento hay que seguir avanzando en la dirección que parece más prometedora y segura.

Ocurre como con la fusión nuclear. Una vez que se consiga llevarla a cabo de manera rutinaria se habrán acabado nuestros problemas de suministro energético, de gestión de residuos, de transporte e incluso de alimentación. Pero mientras, tenemos que seguir investigando en líneas prometedoras, como la energía solar, la eólica o la mareomotriz.

7
¿QUÉ VA A PASAR CON EL CLIMA?

L as modificaciones recientes en la composición atmosférica han ido produciendo pequeños cambios en el clima cuya acumulación en el tiempo pronto generará efectos graves. En algunos casos, la amenaza tiene que ver con alejarnos demasiado de las condiciones habituales. Son los cambios de clima.

Pero el cambio climático también puede producir grandes impactos y destrucción, muchas veces debidos a los cambios en los extremos climáticos, que son los valores que están muy por encima o muy por debajo de la media y que debido a los gases de efecto invernadero cada vez lo están más. Son las catástrofes.

De estas, hay catástrofes impredecibles y poco probables, como la del impacto del meteorito que acabó con los dinosaurios. Si algo así volviera a suceder, quizá tuviéramos tiempo de verlo venir, y tal vez entonces pudiéramos evitar que un cuerpo celeste colisionara, pero ahora mismo no podemos dedicar un gran esfuerzo humano a intentar responder a una amenaza cuya probabilidad es tan baja. Ni siquiera, aunque el resultado del impacto fuera a ser la destrucción casi total de la civilización.

No recomendaría a ningún país que cambiara su sistema económico para prepararse por si acaso chocamos con un asteroide del tamaño del Teide. A lo más, se puede empezar a pensar qué podríamos ingeniar como especie si supiéramos que una roca de ese tamaño va a impactar contra la Tierra. Los países más ricos pueden idear estrategias, e incluso tener preparadas naves espaciales que hicieran girar al meteoro para que redujese un poco su velocidad y no chocase con nuestro planeta. Al fin y al cabo, enviamos naves a Marte para incrementar nuestro conocimiento; no es un gran coste para el conjunto de un grupo humano grande, y se aprenden cosas útiles mientras se desarrolla la tecnología. Además, el país que lograra salvar al resto tendría asegurado un puesto en el panteón de la memoria colectiva, y ese suele ser un buen estímulo para llegar lejos y emprender hazañas. Después de todo, la carrera para ser los primeros en pisar la Luna tuvo más que ver con el prestigio de dos países y el enfrentamiento entre dos maneras políticas de entender el mundo que con una necesidad científica concreta.

Los meteoros, las erupciones volcánicas explosivas, o incluso los terremotos, como el que se espera que en algún momento golpee San Francisco, no dependen de nuestras actividades como especie. Pero hay otras catástrofes que sabemos que sí podrían producirse de continuar con nuestra forma de vida actual. Entre estas, las hay posibles pero muy poco probables, como la extinción masiva de la humanidad por un virus que se escape de un laboratorio. Pero también las hay posibles y no tan improbables.

Las catástrofes climáticas

Las catástrofes climáticas son de este último tipo. Un evento grave que no es en absoluto imposible (sino de hecho probable) sería un cambio radical en la distribución del hielo sobre el planeta. Es paradójico, pero un efecto posible del calentamiento global es abrir la puerta a una nueva era glaciar. Esto sería una de las mayores catástrofes que podríamos sufrir como civilización, especialmente en la latitudes altas y medias del hemisferio norte.

El mecanismo está bien estudiado. Una parte del transporte de energía en los océanos, el gran almacén de calor de la superficie terrestre, se lleva a cabo a través de corrientes marinas profundas. Estas son las que distribuyen en calor desde las zonas ecuatoriales, donde el Sol aporta su máximo de energía, hasta las latitudes medias y los polos. Allí, en dos puntos concretos (al sur de Groenlandia y al este de la Argentina) el agua fría se hunde y viaja de vuelta al ecuador, completando así un circuito cerrado. Se le llama la «cinta transportadora oceánica», que es un nombre bastante descriptivo, y los detalles de su dinámica dependen también del viento y de la salinidad del océano, en concreto de la diferencia de salinidad entre el Pacífico y el Atlántico.

El debilitamiento de la cinta transportadora, al menos desde principios de siglo, es un hecho comprobado científicamente. Al modificar la cantidad de agua fresca que llega al océano cambia la variación de la cantidad de sal con la distancia y la profundidad, y esto modifica las corrientes, porque el agua salada es más densa que la dulce y tiende a sumergirse. De lo único que no estamos totalmente seguros en este proceso es de que el cambio se pueda atribuir a la acción humana, pero eso no quiere decir que no lo sea: solo quiere decir que aún no hemos reunido suficientes pruebas para estar seguros. Este es el equivalente científico a la presunción de inocencia que está en la base de nuestra libertad: mientras no tengamos un registro largo de observaciones fiables, solo tenemos derecho a sospechar.

Esto nos lleva a un problema recurrente en climatología, que es que cuando descubrimos algo nuevo no tenemos muchos datos. A veces empezamos a observar algo mediante una nueva tecnología (un instrumento, un satélite), y a partir de las medidas llegamos a la conclusión de que está sucediendo algo de lo que no nos habíamos dado cuenta. Pero para estar seguros, y saber bien cómo varía ese proceso tenemos que medir durante muchos años, a menudo décadas. En el ínterin, vamos incrementando nuestra confianza en la teoría. Pero es solo al final del proceso cuando podemos poner la etiqueta de que estamos completamente seguros.

¿Tenemos que hacer algo mientras? Muchos piensan que sí por simple precaución. Creo que la mayoría de los climatólogos del planeta preferimos decir «me equivoqué» dentro de cuarenta años que un «ya os lo advertí».

Se sabe que el calentamiento global puede parar la cinta transportadora. Y eso es un problema serio, porque si no fuera por ese mecanismo de redistribución de la energía, el clima del norte de Europa sería mucho más frío de lo que es en la actualidad. No hace tanto tiempo (a escala geológica), los glaciares llegaban hasta la mitad de la península ibérica. De hecho, muchos de los lagos de los Pirineos tienen un origen glaciar y valles, como el del Roncal, o el de Ordesa, son ejemplos de libro de los efectos sobre el paisaje de estos grandes ríos de hielo hoy desaparecidos.

Regresar a la época glaciar, en la que todo el norte de Europa, Canadá y Estados Unidos estaban cubiertas por unos cuantos cientos de metros de hielo, sería una catástrofe para la sociedad humana. Se estima que es improbable que la parada de la cinta transportadora ocurra antes del 2100, pero si lo hiciera, esto provocaría un cambio brusco en el clima terrestre y sobre todo en el ciclo del agua. Las consecuencias serían gravísimas. Y en todo caso, si lo hace a partir de 2100 estaremos dejando un legado envenado a los hijos de nuestros nietos.

La subida del nivel del mar

A corto y medio plazo, ¿qué otras catástrofes nos esperan si el planeta sigue calentándose? Las más inmediatas y estudiadas son las que derivan de la subida del nivel del mar. Al igual que la temperatura media de la superficie de toda la Tierra es un buen indicador de lo que está sucediendo a escala global, la subida del nivel del mar es una de las predicciones más sólidas del calentamiento.

Las medidas nos dicen que de 1900 a 2018 el nivel del mar ha subido de media unos 20 centímetros. Puede parecer que unos pocos milímetros al año no son gran cosa, pero si vamos sumando, y teniendo en cuenta que esa pequeña cantidad es solo la media, el efecto acumulado no es tan pequeño. De hecho, es el cambio más importante en el nivel del mar de los últimos tres mil años, y tenemos buenas razones para creer que la razón es la actividad humana.

Ciudades como Miami o Nueva York pueden verse inundadas de repente, sin dar tiempo a construir esos diques que ya se ha previsto. Si volvemos ahora a la piscina del primer capítulo, la que utilicé para explicar la diferencia entre tiempo y clima, recordaremos que había unos valores medios, pero también oleaje: el nivel del agua iba cambiando lentamente en el tiempo, pero en un momento dado, podía estar por encima o por debajo de la media. Eso es lo que sucede con el nivel del mar.

Aunque la media aumente poco a poco a lo largo de las décadas, eso no impide que en momentos determinados suba muy por encima del nivel actual debido a una tormenta, para regresar después adonde estaba. Pero ese retorno no es ningún consuelo si la tormenta ha anegado no solo el paseo marítimo y todas las casas de la primera línea de costa, sino toda la ciudad.

Sabemos que la intensidad de este tipo de tormentas será cada vez mayor. La causa de la subida del nivel del mar no es solo el deshielo de los glaciares y casquetes, sino también —aunque en menor medida— el hecho de que el agua aumenta su volumen cuando se calienta. Pero ambos factores tienen su origen en la emisión de gases de efecto invernadero y en cambios en los usos del suelo. La gran mayoría de la energía adicional que recibe la Tierra como consecuencia del efecto invernadero va a calentar el océano, y si aumentamos su volumen, hacemos que suba su nivel en tierra, destruyendo playas, arrasando el interior, y creando una nueva línea costera.

Evidentemente, los paseos marítimos no deberían haberse construido, ni tampoco debería haber casas en la primera línea de una costa que es de todos. Pero ese es un problema de organización social, no de física de la Tierra.

«La mejor acción para adaptarse al problema de las zonas inundables por el cambio climático es de ordenación territorial, y va a ser no construir en ellas y abandonar las ya construidas» escribí hace 5 años. Lamentablemente, las inundaciones de Valencia de 2024, con más de 200 muertos, me han dado la razón.

LOS AGUACEROS Y LAS SEQUÍAS

Los aguaceros, como el de Valencia, son cada vez más importantes, y la causa principal es también la actividad humana. De esto estamos bastante seguros, aunque hay incertidumbres importantes dependiendo del método de atribución que se use. Las inundaciones han cambiado también sus ciclos, especialmente en las zonas del planeta en las que los ríos siguen un régimen nival o pluvio-nival. Y en 2025 hemos visto uno de los marzos más lluviosos desde que hay registros.

Pero, paradójicamente, las sequías también se han incrementado como consecuencia de nuestra actividad, aunque saber si hemos tenido sequías más frecuentes como consecuencia directa de la actividad humana necesita todavía más investigación. Sin embargo, sí que estamos bastante seguros de que los extremos cálidos y secos han aumentado a escala global.

En cuanto a los ciclones tropicales (que es como se llama técnicamente a los huracanes y tifones), tenemos que investigar más antes de proporcionar información útil al público. Hoy no estamos totalmente seguros de que estemos experimentando un mayor número de ciclones. Sí que estamos bastante convencidos de que la intensidad de los más fuertes ha ido creciendo, y un poco más seguros de que su máximo de intensidad en el Atlántico está cada vez más al norte, pero tampoco podemos descartar que esto sea debido a la variabilidad natural.

Las catástrofes en abstracto y referidas a países lejanos suenan mucho menos ominosas que cuando las aterrizamos a lugares conocidos. Un escenario más que probable para nuestro país es el del aumento de las desigualdades climáticas. Sitios en los que ahora llueve y en los que lloverá más, y sitios secos que se volverán aún más secos. Quizá el norte se salve, pero al sur de la cordillera cantábrica y sobre todo al sur del sistema central es muy probable que tengamos menos agua y más calor en verano, es decir: mucha más aridez. Y la aridez es algo nefasto para nuestra forma actual de vida y para cómo tenemos montada la economía, esa estructura a veces cogida con pinzas que sostiene nuestro bienestar. Nótese que puede llover más que antes y que el clima sea no obstante más árido: si la temperatura es mayor, hay más evaporación que puede no compensar el aumento de las precipitaciones.

No estoy seguro de que seamos conscientes de qué supondría un incremento notable de la aridez en nuestro país. El único lugar de la península verdaderamente árido hoy en día es una parte de Almería. Una visita al cabo de Gata –maravilloso en muchos aspectos, especialmente en el geológico y el submarino– nos puede enseñar en qué se pueden convertir grandes extensiones del sur. Si Almería y Murcia tienen ese clima hoy es por el relieve, que hace que casi todo el tiempo brille el Sol (por eso al antiguo reino de Murcia se le conocía como 'el Serenísimo', por sus cielos azules y despejados).

Un calentamiento regional debido al cambio climático generaría paisajes muy similares, aunque por otras razones, en las zonas llanas del interior: en Castilla-La Mancha y en toda Andalucía, e incluso más arriba, en Castilla y León y en Aragón. El descenso en la precipitación, además, se traduce en un descenso mucho más acusado del aporte de agua de las cuencas hidrográficas, ya que se combina con mayor evaporación. Dicho de otra forma, si llueve menos tenemos no menos, sino mucha menos disponibilidad de agua para la agricultura y el medio natural.

Es cierto que los cultivos son flexibles. Al fin y al cabo, la producción agraria nacional de finales del siglo pasado seguía las subvenciones europeas de cada momento: si se pagaba por cultivar lino, de repente se cultivaba lino; si era alfalfa, alfalfa; y si se pagaba por dejar los campos en barbecho porque había un exceso de producción y era más barato comprar el producto fuera de la Unión Europea, las tierras se dejaban sin cultivar. Pero la flexibilidad agrícola no es total. Llega un momento en que no se puede ganar dinero cultivando trigo de secano por mucho que uno se empeñe, ya sea porque no llueve lo suficiente, o porque lo hace a destiempo.

Las adaptaciones son posibles, y a veces muy eficaces, pero tienen un límite. No hace mucho tiempo que los agricultores empezaron a considerar el pistacho como un cultivo más adaptado a las nuevas condiciones climáticas de amplias zonas de España. Aguanta bien, produce pronto, y tiene un buen valor añadido. Y lo mismo con los cambios en las variedades de uva, o la migración hacia el norte del viñedo: de momento, y mientras se encuentren suelos apropiados, va teniendo éxito. Pero las predicciones dicen que el clima puede cambiar bastante más, y a peor (peor en el sentido de hacia valores más extremos). Este último aspecto merece unas líneas.

A menudo se dice que los modelos no son perfectos, y que se han equivocado a veces en las simulaciones del clima realizadas hace algunas décadas. Es cierto, aunque solo en los detalles, en lo que puede apreciar un especialista. En lo sustancial, acertaron: según ha ido aumentando la concentración de dióxido de carbono, así se ha ido calentando la atmósfera, derritiendo el hielo y retrocediendo los glaciares. Faltaban los detalles, pero también es cierto que nunca ningún científico serio que se dedique a los modelos ha dicho que las simulaciones sean perfectas, sino solo la mejor herramienta disponible hasta la fecha. Y, además, el caso es que cuando los modelos se han equivocado lo han hecho en el sentido de quedarse cortos respecto a los efectos perniciosos del cambio climático.

En realidad, no han fallado, sino que han sido demasiado cautos, porque los científicos que los hicieron tuvieron el buen sentido de no aventurarse más allá de lo que podían medir y afirmar con seguridad. Si hubieran seguido sus instintos y ajustado los modelos a lo que podían afirmar de manera cualitativa, probablemente hoy sus resultados de hace unas décadas se podrían comparar mejor con las observaciones. Pero, con buen juicio, se limitaron a afirmar aquello de lo que estaban seguros según los conocimientos y las capacidades tecnológicas de la época. La ciencia funciona así: construyendo a partir de pequeños pasos, pero firmes, ladrillo sobre ladrillo. Esto es, en parte, lo que hace que el edificio sea sólido y que podamos recurrir a él para tomar decisiones informadas.

Gracias a ese cierto conservadurismo inherente al método científico podemos confiar en que el procedimiento no está al albur de alarmistas o de un grupo de gente que lanza propuestas aventuradas para lograr sus fines particulares. Aquí también es cierto que hay algunos divulgadores que en ocasiones se exceden en su celo y propagan versiones adulteradas de las investigaciones de los científicos.

Lo mismo sucede con algunos periodistas cuando titulan exageradamente las noticias para buscar clicks. Mi opinión es que los zelotes del cambio climático pueden ser tan nocivos como los negacionistas alocados. En su afán de concienciación social acaban distorsionando la realidad y atrayendo con ello el recelo de las personas sensatas hacia el problema[40].

Los científicos, la gente que de verdad se dedica a investigar y que conoce «la cocina» de los modelos y sus limitaciones, es mucho más comedida en sus afirmaciones y no suele caer en exageraciones. Es sin duda importante que los políticos tengan en su agenda el problema del cambio climático, porque es una amenaza real, grave y que necesita ser atajada. Pero la agitación injustificada, que podría pensarse que contribuye a poner el foco en el problema, es contraproducente, y ajena al espíritu científico.

El trabajo de los científicos no es decidir, sino informar. Son los políticos los que tienen que tomar las decisiones. Para eso los elegimos. La divulgación científica es necesaria, pero somos los científicos los que tenemos que hacer ese esfuerzo porque nadie mejor que nosotros conoce con detalle el ámbito en que se pueden aplicar nuestros resultados y conclusiones, y cuáles son las limitaciones que tienen los modelos que empleamos.

8

LA EMERGENCIA CLIMÁTICA

En el año 2019, la ONU declaró la emergencia climática. El cambio observado en el planeta era ya tan evidente, y los efectos tan potencialmente catastróficos, que se pensó que había que actuar cuanto antes. La etiqueta, aunque exagerada para algunos, es no obstante descriptiva e indica la importancia que se le ha otorgado a un problema que es planetario y que podría cambiar la vida humana de manera irreversible.

Una de las críticas al concepto de «emergencia climática» es que el proceso va a durar décadas, y mantener durante tanto tiempo el término emergencia diluye su relevancia y urgencia. Es cierto, pero hay que considerar que las predicciones catastróficas no están para que se cumplan, sino para que, viendo lo que podría suceder, pongamos todos los medios para que no sucedan. Se comenta poco que el sueño de todo climatólogo que se dedique a esto es ver como poco a poco las acciones humanas van alejándonos de la senda predicha. Al contrario que los agoreros y profetas del pasado, que parecían ansiar las catástrofes de las que avisaban para poder salir triunfantes a refregar a los demás que ellos tenían razón, los científicos actuales preferiríamos contemplar plácidamente desde nuestros ordenadores cómo van bajando las curvas de las emisiones de gases nocivos, y con ella la de la temperatura.

No es que estemos deseando equivocarnos, porque no hay mucha duda de que lo que se ha previsto va a suceder bajo las condiciones en que se ha hecho el cálculo. Lo que deseamos fervientemente es que la acción coordinada de la humanidad sea capaz de alejarnos de lo que sucederá si no hacemos lo suficiente, pero eso no siempre está en nuestras manos.

EFECTOS SOBRE LOS OCÉANOS

Un impacto importante de la emergencia climática es la acidificación de los océanos, que ya es la mayor de los últimos dos millones de años y que es debida casi con certeza a la gran cantidad de dióxido de carbono antropogénico que se ha venido disolviendo en ellos desde el comienzo de la era industrial. No se trata tan solo de que nuestros preciosos corales, esas maravillas de los océanos, perezcan como consecuencia del cambio en la acidez del agua, como a veces parece que se enfatiza en los documentales. El cambio en los corales afecta a toda la cadena alimentaria de la vida marina, y por lo tanto a la pesca.

En el caso de España, un gran consumidor de pescado y con una industria potente, los cambios que se nos avecinan pueden ser importantes, y no estamos hablando de una predicción aventurada. Cada vez hay mayores variaciones en los patrones de salinidad de la zona por debajo de la superficie del océano, con las zonas más salinas siéndolo cada vez más desde 1950. Este es un hecho comprobado. De continuar la tendencia, esta puede conducir a cambios notables en el comportamiento de los peces, afectando no solo a la localización sino también a la cantidad de las pesquerías.

Los afloramientos de aguas frías que llenan de nutrientes amplias zonas de las costas del mundo están cambiando, y esto afecta a toda la cadena alimentaria marina. La delicada dinámica poblacional de algunas especies, con ciclos a veces acoplados con sus depredadores de una forma tal que les permite sobrevivir, puede verse alterada por los cambios ambientales, con consecuencias nefastas para los intereses humanos si es que nos centramos solo en nuestra especie.

Uno de los cambios que recibe más atención es el de la capa de hielo del planeta. Tanto los casquetes polares como los glaciares han perdido una gran parte de su área tradicional. Lo mismo sobre la cubierta de nieve sobre tierra, y sobre todo del hielo marino, hasta el punto de que se han abierto nuevas rutas de transporte en el hemisferio norte aprovechando que ahora el mar está más abierto de lo que acostumbraba. Todo el norte de Fenoscandia es ahora un lugar menos frío, con menos nieve, y con veranos mucho más cálidos de lo normal, con la vegetación alargando su ciclo vital.

Lo mismo en el resto del norte de la Rusia europea y en Siberia. Una consecuencia de esto, como comentaba en el tercer capítulo, es que países como EE.UU, Canadá, Dinamarca y sobre todo Rusia han visto nuevas oportunidades de explotación de recursos naturales, lo que está llevando a tensiones geopolíticas. El que el hielo del ártico se esté derritiendo es muy probablemente debido a la actividad humana, aunque en el caso concreto de Groenlandia la seguridad en que la contribución humana es determinante es menor.

Las implicaciones de este cambio no son solo locales: ya vimos que esta agua derretida hace subir el nivel del mar. Las alteraciones en la capa de hielo tienen un efecto sobre el clima de todo el planeta, sin perjuicio de que la causa sea también el cambio global sin precedentes que hemos generado. Son procesos que se afectan mutuamente.

El que agua sólida (hielo) sea menos densa que el agua líquida no es normal en la naturaleza. Los sólidos suelen ser más densos que el mismo elemento o compuesto en su forma líquida. Las excepciones son el bismuto, el galio y el agua, pero solo esta última tiene importancia en la bioesfera. A este comportamiento se le denomina la «anomalía del agua», y es el responsable de que el hielo flote.

Esto tiene a su vez una gran importancia biológica, puesto que permite que la vida submarina pueda sobrevivir durante el invierno y en los polos, no solo porque no se ve aplastada por el hielo, sino porque el hielo ejerce de aislante y protege de las bajas temperaturas al agua que tiene por debajo. Aunque parezca increíble, la anomalía del agua es un campo activo de investigación todavía en 2024, con teorías alternativas sobre la extraña razón por la cual el agua tiene su máxima densidad a 4º C.

¿MEGASEQUÍAS?

SIN embargo, el cambio que a mi más me preocupa son las megasequías. Es un tema que sí que creo que puede ser considerado de auténtica emergencia en nuestro país. En el clima Mediterráneo estamos acostumbrados a observar precipitaciones irregulares y a sufrir unos años más secos que otros. Y siempre ha habido series de años secos encadenados.

Cuando era niño, recuerdo una serie de años muy secos, otoños enteros en los que llovía muy poco, y en los que los embalses no paraban de bajar. Afortunadamente, al cabo de un tiempo llegó el agua, y los campos volvieron a regarse, los árboles tuvieron un respiro, los embalses aumentaron su nivel de agua y no fue necesario continuar con los cortes de suministro en verano. Entonces me daba cuenta de lo serio que era que no lloviera, y me preguntaba por qué había sucedido aquello, y si se podía predecir (y al final, para resolver aquella duda, acabé dedicándome a estudiar la lluvia y el clima). Ya de niño me daba cuenta de lo importante que era tener un suministro regular de lluvia.

Ahora mi preocupación es que las sequías se vuelvan mucho más largas. Imaginemos qué pasaría si la lluvia se redujera a la mitad en España. Esto es menos probable en el norte del país que al sur de Burgos, pero tampoco el norte está a salvo de tener un clima como el que disfruta hoy Toledo. Toledo no es el desierto, pero tener ese clima en Cantabria sería una catástrofe para los prados, los bosques y el turismo. Al sur de Burgos, y en toda la costa Mediterránea, desde Cataluña a Cádiz, veríamos que los bosques no son capaces de aguantar tanto tiempo sin agua. Solo algunas especies, como las sabinas, aguantan veranos ardientes si se alarga la sequía. Pero varios años de precipitaciones por debajo de los 400 milímetros acabarían con la mayor parte de los pinares, y hasta las encinas –quizá el árbol mejor adaptado en la actualidad– sufriría hasta el punto de quizá no poder recuperarse.

Resulta difícil imaginarse esta situación, pero como ya he comentado, las predicciones de los modelos pueden quedarse cortas y los cambios ocurrir mucho antes de lo esperado. La gravedad del asunto es tal que en esta ocasión quizá tengamos que aventurar más allá de lo que podemos afirmar con seguridad según los datos hoy disponibles. Este es uno de esos temas en los que, dada su gravedad, es mejor pecar de alarmista que de excesivamente cauto.

En relación al término desierto, cuando yo era estudiante Erasmus en Irlanda en los noventa, uno de mis profesores criticó la frase «habitantes del desierto» que aparecía en un manual, concepto que –según él– era una contradicción en sus propios términos, olvidando la idea rectora del pensamiento de Wittgenstein, la del contexto y ámbito de las expresiones lógicas. El que una zona se denomine «inhabitable» no quiere decir que sea físicamente imposible que un grupo de personas lo habite (e.g. los beduinos), sino que no dispone de un medio ambiente adecuado para que se pueda mantener a un grupo grande de gente en condiciones de comodidad durante un periodo extendido de tiempo.

¿Qué podría suceder en este escenario? Imaginemos una sucesión de años en los que suceden los cielos claros y despejados en la mayor parte del país. Empecemos por el invierno. Los frentes atlánticos siguen llegando en trenecitos, como siempre, pero ahora apenas rozan la península, y se marchan a dar las precipitaciones habituales en Irlanda e Inglaterra. Esto puede suceder si cambia la forma en que se distribuyen las presiones en el Atlántico Norte. De hecho, ya hay pruebas de que las borrascas se han desplazado un poco hacia el norte. Aún no demasiado, todavía siguen llegando a la península de manera regular, pero poco a poco se van desplazando hacia las islas británicas. Los cambios en la distribución de presión en el Atlántico Norte se pueden cuantificar mediante un índice muy conocido: la Oscilación del Atlántico Norte

(NAO). Se calcula realizando la diferencia entre la presión en Reykjavik y Lisboa, y una de las cosas que podemos saber es si el anticiclón de las Azores está bloqueando más de lo normal la llegada de los frentes del Atlántico.

Las playas de Galicia, Asturias, Cantabria y el País Vasco reciben un récord de visitantes para la estación aprovechando la belleza del paisaje. En el Mediterráneo, lo mismo, solo que el contraste no se nota tanto. Mientras, en el interior se suceden los días crujientes de invierno, esos días de frío y escarcha en el suelo, pero con cielos azules todo el día. Abundan las nieblas, como resultado de la estabilidad de la atmósfera y del poco viento. En primavera, la situación es muy parecida. Las plantas empiezan a resurgir, y gracias al sol, a germinar. Llueve menos de lo habitual. En verano se consolida una tendencia que ya hemos empezado a ver. Llega antes, y el calentamiento diurno genera grandes tormentas que dejan muchísima lluvia, pero solo en sitios concretos, y diferentes cada vez. En algunos lugares, donde la tierra está muy seca, la lluvia no es en absoluto beneficiosa, porque cae mucha en poco tiempo y arrambla con todo. En otros lugares ni siquiera reciben una gota. Es como si toda la humedad disponible se hubiera concentrado en unas pocas nubes, pero muy gordas, monstruos que lanzan chorros de agua en las laderas de los valles de algunas montañas, y nada en los vecinos. Llega entonces el otoño, la estación con más precipitación en muchas cuencas hidrográficas, y empiezan los problemas, aunque aparentemente el tiempo es perfecto: hace bueno, pero no un calor agobiante como en verano, y no llueve. La estabilidad atmosférica persiste, aunque hay un poco más de viento. Pero los pocos frentes que llegan ahora lo hacen debilitados, y apenas si llueve en el interior. Los árboles del interior se empiezan a resentir. En condiciones de sequía habitual, esta situación podría repetirse durante dos o tres años seguidos antes de volver a las condiciones normales. La vegetación lograría entonces recuperarse. Las especies que han sobrevivido a los últimos siglos lo han hecho precisamente porque son capaces de aguantar este estrés. Pero ahora, la situación se prolonga durante más de siete años. Aclarar aquí que esto no quiere decir que no llueva nunca, sino que cuando llueve —cada vez menos veces— lo hace en grandes cantidades y en un área muy limitada: una megasequía en toda España no es incompatible con inundaciones en comarcas concretas. Además, con temperaturas altas y cielos despejados, lo que llueve se evapora antes. Empieza a notarse la aridez.

El primer signo de alarma de una situación como la descrita sería el declive de especies que creíamos resistentes. Los pinos y las encinas del interior empezarían a sufrir con la sequía, y probablemente se empezarían a ver más afectadas por plagas y enfermedades. En los bosques antes húmedos y frescos de las montañas la situación sería aún peor. Los enebros de las Sierras de Teruel lo aguantan todo, pero los magníficos robledales y hayedos de Navarra quedarían convertidos en tristes colecciones de palos secos, muy probablemente arrasados por incendios forestales cada vez más dañinos.

Las vertientes verdes de las montañas de todo el país quedarían convertidas en poco tiempo en paisajes con vegetación rala, y en las pendientes más pronunciadas empezarían a surgir yermos o con suerte series de sustitución de la vegetación degradada. En menos de una década, más de la mitad de los árboles se habría perdido, y la desertificación sería ya irreversible. En una generación, el paisaje habría cambiado para siempre (es decir, para varias generaciones) y no queda nada de aquellos bosques plagados de biodiversidad.

Una rama de la Geografía, la Biogeografía, estudia el ciclo de vida de las formaciones vegetales, su localización y la relación con el resto del medio ambiente y con los humanos. La vegetación que se adecúa mejor a un clima, a un suelo y a un entorno se denomina «vegetación climácica» (no confundir con climática). Cuando las condiciones ambientales se degradan, la vegetación entra en fase regresiva, y es ahí donde aparecen las series de sustitución. Los árboles dejan paso a los arbustos, y si no se remedia de ahí se pasa a matorrales, a plantas herbáceas y a suelos desnudos.

Este cuadro tenebrista que he pintado arriba no es imposible con lo que sabemos hoy en día, y ni siquiera es poco probable. Se han hecho estudios para bosques tropicales y bosques boreales —los bosques de coníferas del hemisferio norte– y estos podrían llegar a un punto de no retorno, primero debilitados y luego arrasados por incendios.

Se confía en que la variedad de especies y la propia dinámica vegetal paliara la catástrofe, pero tenemos pocos estudios de este tipo y hay mucha incertidumbre al respecto. Ya vimos que las nubes de los modelos y las del cielo no son iguales. Las primeras son una simplificación aceptable de las segundas. La vegetación en los modelos y la vegetación en la naturaleza son aún más diferentes, y esto introduce incógnitas tanto en los resultados como en la forma de interpretarlos. Pero en el caso de España, la situación podría ser diferente.

La península ibérica es un caso geográfico muy interesante. Es una de las tres penínsulas del sur de Europa, pero la más occidental y la más variada en cuanto a clima y orografía. Tenemos una gran biodiversidad gracias precisamente a estas singularidades, pero el país es una zona de transición, con unos espacios que los geógrafos antiguos llamaron «siempre húmedos», y otras partes semiáridas o áridas (como Almería). Una megasequía de una década afectaría tanto a la vida de nuestro país que tendríamos que haber empezado hace años a prepararnos para ella, sobre todo teniendo en cuenta que las medidas que se deberían llevar a cabo, como la de un ahorro draconiano del agua y una infraestructura hidrológica avanzada, no serían ningún derroche, sino algo que habría que haber hecho hace tiempo, aunque no estuviéramos bajo la amenaza de la emergencia climática.

Los efectos sobre todos los órdenes de la vida española de un escenario como el descrito serían incalculables. Los bosques y los espacios naturales son solo un ejemplo vistoso de lo que perderíamos con ese evento extremo, pero el impacto sobre el resto de la economía sería tan monstruoso que cuesta darse cuenta de su magnitud. Cultivos arrasados, ganadería inviable, cambios en los patrones de desplazamiento y de asentamiento, comarcas enteras abandonadas, caída general de la productividad, hundimiento de los salarios, inflación galopante, descenso del turismo, restricciones de agua potable, quiebra del estado del bienestar (sanidad y educación gratuitas, pensiones, ayudas sociales, prestaciones de desempleo), y en general un cambio impensable en la estructura económica de un país que no ha alcanzado un nivel de investigación, desarrollo e innovación que le permita diversificar su economía con la rapidez requerida.

El ecoturismo es una forma de viajar cada vez más popular. Al igual que uno puede viajar hasta el Museo del Prado solo para admirar La Anunciación de Fra Angelico, también se puede ir a decenas de otros lugares para admirar bosques en diferentes estaciones, o para ver árboles singulares, algunos con cientos de años.

El posible colapso de los bosques españoles debería preocuparnos mucho. Quizá podamos vivir con tormentas de granizo de piedras cada vez más grandes en agosto, o con inundaciones periódicas y devastadoras en las ramblas en otoño, o con más noches tropicales (aquellas en las que temperatura del aire no baja de los 20 grados), y también con alguna tromba marina o tormenta tropical de vez en cuando, pero no sin árboles.

Tenemos medios, recursos y capacidades para paliar los efectos de las catástrofes anteriores, que son puntuales y de extensión limitada, pero no para responder ante un desastre estructural que puede cambiar durante décadas (o siglos) el paisaje de nuestro país y nuestra forma de vida actual. Si un huracán como el Vince de 2005, el primero en llegar a España, volviera a tomar tierra, pero lo hiciera con una mayor intensidad (el Vince apenas produjo daños), devastaría algunas comarcas.

Es casi seguro que entre todos podríamos concentrar recursos suficientes para que su impacto fuera el menor posible, y en unos meses es probable que las comarcas volvieran a su vida habitual. Habría habido víctimas, y muchos daños, como en Valencia en 2024, pero podríamos recuperarnos.

Pero en el caso de un evento estructural, de una megasequía que afectara a todo el sur de la península, o incluso a todo el país, no tendríamos mucho que hacer sino emigrar o cambiar radicalmente nuestra forma de vida.

HAY que darse cuenta de que el clima de la Tierra no es necesariamente reversible, y desde luego no lo es en una o dos generaciones.

A veces se escucha la idea de que el desarrollo tecnológico avanzará lo suficiente en unas décadas como para capturar los gases de efecto invernadero que hemos emitido, y que reiremos de la ingenuidad de los habitantes de principio de siglo, tan preocupados por el calentamiento. Es el mito de la bala de plata: una solución rápida, eficaz y definitiva. Pero es eso, una fantasía construida en parte por la incorregible afición al cine y a los finales felices de nuestra especie.

Es posible que seamos capaces de capturar todo el dióxido de carbono que hemos emitido desde 1850 −aunque nadie haya dicho todavía como−, pero eso no quiere decir que la atmósfera vaya a volver inmediatamente a su estado anterior. Una vez que se pasa el punto de no retorno, el sistema climático se sumirá en otro estado diferente al actual, en otro atractor, y no será fácil volver atrás.

Bajo el hielo que cubre Groenlandia desde hace miles años hay una capa de agua líquida, una especie de colchón que lubrica el movimiento del hielo. De seguir derritiéndose el hielo, esta capa será cada vez mayor, haciendo más fácil el deslizamiento. En el momento en que se sobrepase el punto de no retorno (y hay cada vez más pruebas de que de hecho ya lo hemos sobrepasado), miles de kilómetros cúbicos de hielo acabará en el Atlántico en unos años y eso disparará una serie de eventos que nos harán cambiar de fase climática, sin posibilidad de retorno a la anterior por medios tecnológicos ni aunque fuéramos capaces de absorber en un mes todo el gas que ha producido el efecto invernadero. El hielo no va a volver rápidamente a cubrir toda la isla. Volverá a la situación que tenía en el último periodo interglaciar, hace 130.000 años (por poner esta cifra en contexto, la primera ciudad humana digna de tal nombre, Çatal Höyük, en la actual Turquía, empezó a organizarse hace tan solo 9100 años).

Haciendo un símil literalmente crudo, es como la carne a la brasa: una vez que la carne está pasada, no basta con apagar la barbacoa para evitar que se haga del todo, y tampoco sirve de nada meterla en la nevera: bajar la temperatura ya no servirá de nada, porque el chuletón ha cambiado de estado. No hay tecnología para convertir a un filete hecho en un filete crudo. Con el clima pasa algo parecido. Una vez que el hielo de Groenlandia se empiece a fundir, no podremos hacer nada para que deje de hacerlo. Quitar los gases de efecto invernadero entonces sería como sacar el chuletón de las brasas y meterlo en el frigorífico: inútil.

¿Tenemos suficientes pruebas para preocuparnos por los efectos devastadores del cambio climático que he descrito? Sí. La certidumbre científica es suficiente. ¿Estamos *absolutamente* seguros?

No, no lo estamos. No comparto el enfoque de algunos divulgadores que exageran lo que sabemos los profesionales y que se refieren a *certezas* científicas, y también me disgusta la sensiblería infantil de algunas presentaciones de asuntos terriblemente serios. Creo que es mejor transmitir la idea, más cercana a la realidad, de que en esto sucede como en la mayoría de las decisiones importantes de la vida. ¿Quién está *absolutamente* seguro de que no le caerá un tiesto mientras pasea por la calle, de que no morirá en un mes, o de que no tendrá un accidente de coche?

Casi nunca tenemos todos los datos, ni estamos *absolutamente* seguros de qué va a pasar en realidad, pero eso no nos impide tomar decisiones informadas y racionales para evitar las consecuencias de algo que puede ser muy grave si llegara a suceder. Toda la industria de los seguros se basa en esta idea. Es muy improbable que se rompa una ventana de mi casa y mate a alguien que pase por debajo en ese preciso momento, pero merece la pena tener un seguro de hogar que cubra el riesgo de ruina si eso ocurriera. Lo mismo con las revisiones médicas o pasar la ITV del coche y mantenerlo en buen estado. Son acciones sensatas, que naturalmente tienen un coste, pero que nos evitan males mayores.

Ante una situación de emergencia como la decretada por la ONU lo sensato es prepararse y tomar medidas, y eso incluso si se piensa que se está exagerando, o que es improbable que suceda el peor escenario. Se trata de actuar con raciocinio, no dejándose llevar por las emociones. Es lo que haría cualquier persona prudente.

PARA SABER MÁS

Si estás interesado en aprender sobre meteorología y climatología, hay varios libros que pueden ser de gran ayuda dependiendo de tu nivel de conocimiento y tus intereses. Para principiantes, recomiendo la traducción al español del libro de Barry y Chorley, titulado *Atmósfera, tiempo y clima*. Este texto es muy accesible, no requiere conocimientos previos de física o matemáticas y abarca todos los temas clave con un buen soporte gráfico.

Otra opción igual de sencilla es *Meteorology Today* de Donald Ahrens, que también proporciona una excelente introducción al tema. Cualquiera de estos libros permitirá a los principiantes familiarizarse con los términos técnicos básicos y les dará la base para profundizar más si lo desean. Además, los libros de Javier Martín Vide son muy recomendables. Algunos de sus títulos destacados son *El tiempo y el clima*, *Apaga la luz: el libro sobre el cambio climático* y *Guía de la atmósfera*.

Para un nivel más avanzado, como estudiantes universitarios interesados en especializarse en meteorología o climatología, el libro *Atmospheric Science* de Wallace y Hobbs es una excelente opción. Este texto está orientado a los últimos años de carrera y combina contenidos clave bien explicados con una visión de lo que implica la investigación en este campo científico. Es el que utilizo yo como complemento de mis clases de Física de la Atmósfera de tercero de Física en la Universidad de Castilla-La Mancha.

En el ámbito de la microfísica, el texto clásico es *Microphysics of Clouds and Precipitation* de Pruppacher y Klett. Aunque no está completamente actualizado, sigue siendo una referencia obligatoria para quienes estudian esta área, ya que define la terminología y los conceptos fundamentales. Este libro es ideal para estudiantes de máster o doctorado que quieran adentrarse en la complejidad y la belleza de esta especialización científica.

Si el interés está enfocado en el cambio climático y el estado actual de la investigación, los informes del Grupo Intergubernamental de Expertos sobre el Cambio Climático (IPCC) son una referencia imprescindible. Este grupo, creado en 1988, evalúa el conocimiento científico, técnico y socioeconómico sobre este problema global. Los informes del IPCC son especialmente útiles porque contienen todas las referencias necesarias para comprender a fondo lo que se publica sobre el cambio climático.

Ahora mismo, el IPCC está trabajando en el Séptimo Informe de Evaluación. El informe más reciente es el sexto, publicado en 2023 y que abarca tres áreas principales: Las bases físicas; Impactos, Adaptación y Vulnerabilidad; y Mitigación del Cambio Climático. A ellos se añaden tres informes especiales: Calentamiento Global de 1,5°C, Cambio Climático y Tierra, El Océano y la Criosfera en un Clima Cambiante. Para quienes deseen consultarlos, los informes del IPCC están disponibles de forma gratuita en formato digital en su página oficial, y muchos de los resúmenes están traducidos al español. Son una herramienta de gran valor para entender mejor este campo de conocimiento y su importancia en el contexto actual.

SOBRE LAS NOTAS

E SCRIBÍ este libro para que pudiera ser leído con facilidad, uno o dos capítulos en cada sentada, y siguiendo
una línea narrativa lo más clara posible. La mayor dificultad
con la que me encontré al componer el texto fue trasladar
unos conceptos científicos que a veces son intrincados a un
público con interés por el tema pero que no tiene por qué
saber nada de ciencia. La tarea de aterrizar conceptos muy
técnicos a un público crítico no resulta sencilla en ningún
área científica contemporánea, y en clima me ha obligado
a simplificar algunas ideas clave, dejando los matices y los
aspectos laterales para estas notas.

El rigor y la escrupulosidad son importantes en los dos
ámbitos, pero creo que es una terrible falta de educación obligar al lector a leer dos veces. La vida es corta y hay demasia-
das cosas interesantes que hacer para obligar a alguien que
tiene la bondad de darle una oportunidad a tu libro a ir de un
sitio a otro del texto, o para exigirle que dé sentido a lo que

el escritor no ha acertado a expresar con precisión. Entiendo que el trabajo del científico que escribe divulgación es precisamente realizar esa tarea, y dedicar horas y horas a convertir lo técnico y complejo en una prosa natural que fluya sin dificultad.

Habrá además lectores a los que los capítulos anteriores les habrán parecido poco y que querrán saber más de algunos temas, o conocer los matices que a veces he dejado caer, o que quiera que les revele cuál es la materia prima que he utilizado para escribir. Las notas cumplen también esa función, e incluyen todos aquellos detalles que me iban pasando por la cabeza según escribía cada frase. Trabajo en la prosa sin consultar la bibliografía, pero en casi todos los párrafos que iba escribiendo, una parte de mi cerebro iba diciéndome: «bueno, en realidad, para ser más precisos, habría que decir que…» Esos toques que me iba dando la conciencia, basados en lo que sé del tema pero que no podía citar allí para no cargar el discurso, aparecen recogidos en esta sección. No obstante, no he podido añadir todas las que hubiera querido porque en algún momento hay que parar. Los libros, como dijo Leonardo, no se acaban: se abandonan.

Estas notas recogen pues algunos matices que cabe hacer a los capítulos anteriores, y aportan información adicional para el que desee profundizar. Unas son más subjetivas y expresan mis opiniones y percepciones sobre temas diversos. Otras tienen un estilo más académico, y sus referencias son invariablemente en inglés, que hoy es la lengua franca de la ciencia. La diferencia entre ambas queda clara tanto por su tono como por el contexto.

Como enseguida notará el lector atento cuando vaya recorriendo los comentarios, hasta las apreciaciones que le hubieran podido parecer más discutibles en los capítulos anteriores cuentan con una base bibliográfica sólida. Sin poder asegurar que los resultados de hoy sean inamovibles (ya he hablado de lo provisional de todo conocimiento científico), nada de lo que he escrito sobre el clima se aparta de la ortodoxia científica del año 2025.

NOTAS

1   Curiosamente, la Climatología ha sido tradicionalmente una asignatura de la carrera de Geografía, pero no de la de Física. Hoy, mientras que la Meteorología es Física, la Climatología se sitúa entre ambas disciplinas, ya que muchos de los métodos que emplea sólo se pueden entender bien con cierta base físico-matemática.

2   El uso de la media es una simplificación. En general, el clima se puede caracterizar ayudándose de toda una serie de estadísticos que incluyen varios *momentos* de las distribuciones de probabilidad (varianza, sesgo, kurtosis, etc.), además del uso de otras maneras de caracterizar las secuencias, como armónicos o *wavelets*. Pero la media es a menudo suficiente para explicar los aspectos más sobresalientes del clima de un lugar.

3   Como hicimos en: Tapiador, F. J., Moreno, R., & Navarro, A. (2019). Consensus in climate classifications for present climate and global warming scenarios. *Atmospheric Research*, 216, 26-36. https://dx.doi.org/10.1016/j.atmosres.2018.09.017; y en Tapiador, F. J., Moreno, R., Navarro, A., Sánchez, J. L., & García-Ortega, E. (2019). Climate classifications from regional and global climate models: Performances for present climate estimates and expec-

ted changes in the future at high spatial resolution. *Atmospheric Research*, 228, 107-121.

https://dx.doi.org/10.1016/j.atmosres.2019.05.022

4   Hay dos tipos básicos de satélites en función de su órbita: los de órbita baja y los de órbita alta. Los primeros giran a alturas variables, pero en torno a unos pocos cientos de kilómetros. El GPM-*core*, por ejemplo, lo hace a unos 400 km. Los segundos, de los cuales los satélites Meteosat son un ejemplo clásico, están mucho más arriba, a 36.000 km, en lo que se llama la órbita *geoestacionaria*. Giran al mismo tiempo que rota la Tierra, de manera que siempre están en la misma posición relativa respecto al suelo. Los de órbita baja no; estos pasan rápidamente sobre el mismo punto de la superficie: el GPM-*core* da una vuelta completa al planeta en tan solo hora y media.

5   El artículo seminal del caos es este: Lorenz, E. N. (1963). Deterministic Nonperiodic Flow. *J. Atmos. Sci.*, 20, 130–141, https://doi.org/10.1175/1520-0469(1963)020<0130:DNF>2.0.CO;2., pero el que se refiere a la famosa mariposa es seis años posterior: Lorenz, E.N. (1969). The predictability of a flow which possesses many scales of motion. *Tellus*, 21: 289-307. https://doi:10.1111/j.2153-3490.1969.tb00444.x

6   Las estaciones meteorológicas no son las mismas que las astronómicas. El invierno en meteorología son los meses de diciembre, enero y febrero; la primavera marzo, abril y mayo; el verano junio, julio y agosto; y el otoño, septiembre, octubre y noviembre.

7   Hay incluso un chiste al respecto en *Los Simpson*, en el episodio 15 de la tercera temporada (*Deep Space Homer*, minuto 3:33).

8   ¿Por qué zumo de tomate? Porque está estudiado que el zumo de tomate sabe mejor cuando lo tomamos allá arriba, y que por eso solemos pedirlo. En las condiciones ambientales de ruido de un viaje en avión somos menos sensibles a los sabores dulce, amargo,

salado y ácido, y más al sabor jugoso [el denominado *umami*]. De ahí la percepción de los asistentes de vuelo de que hay gente que no acostumbra a pedirlo en tierra a los que no obstante se les antoja un zumo de tomate o un *bloody Mary* durante el vuelo. Fuente: Spence, C., Michel, C., & Smith, B. (2014). Airplane noise and the taste of umami. *Flavour*, 3, 2. http://dx.doi. org/10.1186/2044-7248-3-2

9   A lo largo del libro utilizo los nombres de eventos y organizaciones en español, pero las siglas las dejo en inglés. La razón es que por ejemplo ningún climatólogo hispanoamericano habla del PICN, sino del IPCC para referirse al panel intergubernamental del cambio climático; y lo mismo para la ENSO (*The El-Niño Southern Oscillation* – Fenómeno de El Niño-Oscilación del Sur): casi nadie emplea el acrónimo FEN; o el OAN para la Oscilación del Atlántico Norte (*North Atlantic Oscillation*, NAO). Así, diré «el IPCC», y «la ENSO», lo cual además no chocará a aquellos que ya sepan lo que significan ambas siglas. Creo que es un buen compromiso entre escribir en nuestro idioma común y utilizar unos términos que, dado que la lengua de la ciencia es actualmente el inglés, están ya consolidados para cualquiera que haya penetrado mínimamente en el tema.

10   Un símil para explicar que haya situaciones más o menos predecibles en la atmósfera: el resultado de un partido entre el Madrid y el Barcelona es, en general, menos predecible que el de un partido entre el Madrid y el Ciudad-Real. Así, en la atmósfera hay veces que la pugna entre dos masas de aire es difícil de predecir, y otras, no tanto.

11   Para hablar de temperaturas utilizo todo el rato la escala Celsius (oC), salvo que indique otra cosa. Aunque la única unidad realmente física es el kelvin (K), la otra escala es la que usamos en la vida corriente. Para pasar de grados Celsius a kelvin solo hay

que sumar 273,15. Por cierto, que no se dice «grados kelvin» sino «kelvin». En EE.UU. usan la escala Farenheit (ºF), que no es centígrada: la temperatura de fusión del hielo en esta escala es 32 ºF y la de ebullición del agua 212 °F. Su excusa para emplearla aún hoy es que 100 ºF es la temperatura a la que tenemos fiebre.

12 En español, un billón es 10^{12}. Es decir, un millón de millones. El billón «americano», por el contrario, es 10^{9} (es decir, mil millones).

13 Nunca está de más recordar que el siglo XX comenzó el 1 de enero de 1901, no de 1900. Esto es debido a la definición de siglo como conjunto de 100 años y al fallo de Dionisio, que no incluyó el año 0 en su cómputo: el año siguiente al 1 antes de Cristo es el 1 después de Cristo, no el cero, que es un año que no existe en nuestro calendario. Esto sé que es una batalla perdida, como recordar que Frankenstein es el doctor, no el monstruo.

14 El adelanto en la floración del cerezo también se ha observado en el valle del Jerte, pero no tenemos medidas precisas desde hace tanto tiempo. En Kioto, sí. [Aono, Y., and Saito, S. (2010). Clarifying springtime temperature reconstructions of the medieval period by gap-filling the cherry blossom phenological data series at Kyoto, *Japan. Int. J. Biometeorol.* https://doi:10.1007/s00484-009-0272-x]

15 Siempre me resultó curioso que los romanos estuvieran más lejos de los egipcios que nosotros de los romanos. Y es que el apogeo de Roma, hacia el cambio de era, está a 2000 años de distancia de nosotros. Pero la pirámide de Keops se construyó unos 2500 años antes que aquellos romanos (4500 años contando desde nuestro presente). El conocimiento que tenían los romanos de los constructores de aquella pirámide era de hecho muy limitado.

16 En castellano se debe decir «prueba», no «evidencia», por más que el calco de la palabra *evidence* resulte cómodo. Esto proba-

blemente sea otra batalla perdida, pero también merece la pena insistir.

17 Solamente la revista *Journal of Economic Geography* tiene más de 170 artículos al respecto. Por citar uno: Yohe, G. and Schlesinger, M. (2002). The economic geography of the impacts of climate change, *Journal of Economic Geography*, Volume 2, Issue 3, 1 https://doi.org/10.1093/jeg/2.3.311

18 Para introducirse en la epistemología de la ciencia y en concreto en la de la Física, este autor –recientemente fallecido a la edad de 100 años– es fundamental. Su *Philosophy of Physics* (1973) debería ser de obligada lectura para los físicos. Hay una versión de 1978 en español.

19 Sucede por ejemplo con Judith Curry o Richard Lindzen. Ambos aparecen en varios documentales haciendo declaraciones que, fuera de su contexto, se pueden malinterpretar. Cualquier científico sabe que la diferencia entre lo que uno quiere decir sobre tema y lo que van a sacar los medios es abismal, y más si las declaraciones se reducen a un corte de unos pocos segundos que se inserta dentro de una narrativa ajena. Por otro lado, aunque estos científicos dijeran (que no lo dicen) que el cambio climático actual no tiene que ver con la actividad humana, hace varios siglos que el criterio de autoridad dejó de emplearse en ciencia.

20 Este tipo de simplificaciones abunda en la divulgación científica, pero a veces se entienden mal, como si lo que se cuenta del caso idealizado solo se aplicara a esas condiciones, y si cambiando algo (en este caso la rotación o la traslación de la Tierra), lo que decimos ya no fuera aplicable. [*Cf.* Bradley, D. (2020). Should Explanations Omit the Details?, *The British Journal for the Philosophy of Science*, https://doi.org/10.1093/bjps/axy033]. No es así. Lo que hacemos en realidad con esa forma de contarlo es ahorrarnos añadir toda una serie de detalles cuyo desarrollo necesita cierto

aparato matemático, pero cuya inclusión no cambiaría nada del razonamiento. Si al ejemplo del parque le añado que la Tierra gira, se traslada con el Sol, nuta, precede, y que junto al sistema solar se mueve hacia el ápex embebida en el movimiento de la Galaxia y del Grupo Local, eso lo único que hace es obligarme a añadir más términos al cálculo de la velocidad, términos que no cambiarían en nada el resultado. Un ejemplo literario: una de las cosas más importantes y novedosas de «El Quijote» es la sanchificación de don Quijote y la quijotización de Sancho. Esto fue un avance radical en la literatura no solo española sino universal. Pero para explicar este concepto da igual si Quijote es enjuto y Sancho grueso, si uno monta un rocín y el otro un asno rucio, o si el primero lleva barba y el segundo se afeita. Estos detalles sin duda contribuyen al «realismo» de la explicación, pero son accesorios a la explicación del proceso.

21 Uno de los experimentos más bonitos que sirvió para establecer la constancia de la velocidad de la luz es el que realizaron Albert A. Michelson y Edward W. Morley en 1881. Parte del encanto del experimento es que fue diseñado para medir algo que los resultados demostraron que no existía, la variación en la velocidad de la luz, lo cual lo hace doblemente valioso: si uno diseña un experimento para validar su hipótesis y lo consigue, eso está bien. Si lo hace para refutarla, y lo logra, también. Pero si lo hace para verificar un resultado esperado, y el experimento le dice todo lo contrario de lo que pretendía, eso es belleza (y una de las razones por la que la física es tan maravillosa). En este experimento se demostró también que no había ningún éter, esa sustancia que se supone que llenaba todo el universo, y que era necesaria para la física anterior a Einstein.

22 Una de las predicciones de Einstein sobre este particular, la de las ondas gravitaciones, ha sido validada recientemente, en 2016. El proyecto LIGO, que empezó antes de 1994, es un ejemplo de

colaboración científica a gran escala y a largo plazo. Hoy, miles de científicos de todo el mundo intentan medir las ondas gravitatorias cósmicas para iniciar una nueva forma de ver el universo y revolucionar la Astronomía.

23 Estamos acostumbrados a hablar del hielo sin más, pero hay hasta diecinueve tipos de hielo en función de cómo se empaquetan las moléculas de agua para formar el sólido. No todos los tipos aparecen en la naturaleza, algunos son de laboratorio. El hielo de los cubitos de la nevera es «hielo I_h» que es el más habitual en la atmósfera. En las capas altas de la troposfera encontramos también «hielo I_c», cuyas propiedades pueden explicar algunos detalles de la microfísica de nubes.

24 La hipótesis la publicaron Richard S. Lindzen, Ming-Dah Chou y Arthur Y. Hou. Este último fue el investigador principal de la misión GPM de la NASA. Falleció prematuramente en 2013.

25 Cuando hablo de unidades me refiero en concreto a «unidades de masa atómica». Evito la coletilla en el texto para aligerar la expresión.

26 Las ecuaciones de los modelos de tiempo y clima son en buena parte una clase especial de ecuaciones diferenciales, las ecuaciones diferenciales parciales (PDE en sus siglas en inglés). Su estudio desde el punto de vista de las Matemáticas es un campo de investigación con muchas incógnitas todavía y en el que hay mucho trabajo por hacer. La referencia fundamental al respecto es el libro de Lawrence Evans titulado *Partial Differential Equations*. En lo que se refiere a su uso en Física, las PDE aparecen en multitud de explicaciones de procesos físicos y en problemas muy diversos.

27 Una campaña de este tipo es la que lideró mi amiga Paola Salio en Argentina en el año 2018. Se llamó «Relámpago» e involucró a 160 personas de varias instituciones de EE.UU., Argentina y

Brasil. Solo la inversión de los EE.UU. fue superior a los 30 millones de dólares. Witze, A. (2018). Argentina's mega-storms attract army of meteorologists, *Nature* 563, 166, https://doi.10.1038/d41586-018-07268-2

28 Se llama *mitigación* a la intervención para actuar sobre las causas del cambio climático con el fin de reducir los efectos negativos. La *adaptación* es el ajuste de los sistemas humanos o naturales frente a entornos nuevos o cambiantes que pueden moderar el daño o aprovechar sus aspectos beneficiosos.

29 He publicado un comentario al respecto en la excelente revista cultural *Jot Down*: https://www.jotdown.es/2025/03/ha-avanzado-algo-la-psicohistoria/

30 El trabajo de Arnold J. Toynbee es de consulta obligada para cualquiera interesado en la cliodinámica. Su obra más importante, *A Study of History,* analiza el desarrollo de 19 civilizaciones. Una de sus conclusiones más importantes, aunque disputada muchas veces, es que las civilizaciones ascienden a través de una respuesta de éxito a los desafíos que se encuentra bajo la dirección de una élite intelectual. Creo que si Toynbee viviera estaría de acuerdo en que el cambio climático es sino el reto más importante, uno de los retos a los que se enfrenta nuestra civilización y de cuya respuesta depende su futuro.

31 Esto también lo he contado, de una manera literaria, en otro artículo del *Jot Down*: https://www.jotdown.es/2024/12/matar-al-aristoteles-interno/

32 En este apartado en particular he realizado una aportación propia: Tapiador F.J, and Navarro A. 2024. Coupling human dynamics with the physics of climate: a path towards Human Earth Systems Models. *Environ. Res.: Climate* **3** 043001. DOI 10.1088/2752-5295/ad7974.

33 Sobre el tiempo de residencia medio del agua en la atmósfera se puede consultar esta referencia reciente: van der Ent, R. J. and Tuinenburg, O. A. (2017). The residence time of water in the atmosphere revisited, *Hydrol. Earth Syst. Sci.*, 21, 779–790, https://doi.org/10.5194/hess-21-779-2017

34 Este bonito cálculo lo hizo hace unos pocos años mi antiguo jefe en la Universidad de Birmingham, el Dr. Chris Kidd. La referencia es: Kidd, C., *et al.* (2017). So, How Much of the Earth's Surface Is Covered by Rain Gauges?. *Bull. Amer. Meteor. Soc.*, 98, 69–78, https://doi.org/10.1175/BAMS-D-14-00283.1

35 La definición física del calor latente es la diferencia entre la entalpía de la fase líquida y la sólida durante la transición de fase. La entalpía es la transformada de Legendre de la energía interna con respecto del volumen, o en términos más laxos, la cantidad de energía que intercambia un sistema con su entorno.

36 El estudio de 2017 sobre la causa probable de la reducción de la tasa de calentamiento de la parte este del Pacífico ecuatorial de 1998 a 2013 es de Zhou *et al.* (2017). Multi-decadal variations of the South Indian Ocean subsurface temperature influenced by Pacific Decadal Oscillation. *Tellus A Dyn. Meteorol. Oceanogr.* 69, 14 1308055. https://doi.org/10.1080/16000870.2017.1308 055. También Zhou *et al.* (2019). Enhanced equatorial warming causes deep-tropical contraction and subtropical monsoon shift. *Nat. Clim. Chang.* https://doi.org/10.1038/s41558-019-0603-9

37 Sería mejor llamarlo «diagrama de Nakaya» para hacer justicia a la primera persona que tuvo la idea clave, pero casi todo el mundo lo conoce por el nombre de la persona que le dio la forma actual, Kobayashi.

38 Remito al lector interesado en los detalles de la microfísica de la precipitación a mi trabajo de 2019: Tapiador *et al.* (2019). Empirical values and assumptions in the microphysics of numerical

models, *Atmospheric Research*, vol. 215, 2019, pp. 214-238. https://doi.org/10.1016/j.atmosres.2018.09.010

39   Al granizo blando se le llama también *graupel* en inglés. En castellano tradicional se le conoce también como «aguachona».

40   Un ejemplo de los modelos que acaban dando mala prensa al resto por culpa de un grupo de científicos irresponsables fue un modelo regional que se empleó en el pasado para derivar escenarios de cambio climático en España. Ese modelo, muy por debajo del resto en cuanto a prestaciones, nunca auditado y que venía lastrado por una física incompleta, convirtió a los escenarios regionalizados de la AEMET en un producto prácticamente inservible.

ÍNDICE

El clima de la Tierra
para escépticos y gente inteligente,
DE FRANCISCO J. TAPIADOR,
SE TERMINÓ DE IMPRIMIR
EL 17 DE JUNIO DE
2025